国家级实验教学示范中心建设成果
浙江大学农业与生物技术学院组织编写
高等院校实验实训系列规划教材

农学基础实验指导

——遗传育种分册

Basic Experiments of Agronomy: Genetics and Crop Breeding

肖建富　樊龙江　主编

ZHEJIANG UNIVERSITY PRESS
浙江大学出版社

序

浙江大学农业与生物技术学院有着百年发展历史。无论是在院系调整前的浙江大学农学院时期，还是在院系调整后的浙江农学院、浙江农业大学时期，无数前辈为农科教材的编写呕心沥血、勤奋耕耘，出版了大量脍炙人口、影响力大的精品。仅1956年，浙江农学院就有13门讲义被教育部指定为全国交流讲义；到1962年底，浙江农业大学有16种教材被列为全国试用教材；1978年主编的15门教材被指定为全国高等农业院校统一教材，全校40%的教师参加了教材的编写工作；1980—1998年，浙江农业大学共出版61部教材，其中11部教材为全国统编教材。这些教材的普及应用为浙江大学农科教学在全国农学领域树立声望奠定了坚实的基础。

1998年，浙江农业大学回到浙江大学的大家庭，并由原来的农学系、园艺系、植物保护系、茶学系等合并组建了农业与生物技术学院，在浙江大学学科综合、人才会聚的新背景下，农业学科的本科教学得到了进一步的发展。学院实施了“名师、名课、名书”工程，所有知名教授都走进了本科课程教学的讲堂；《遗传学》、《园艺产品储运学》、《植物保护学》、《环境生物学》、《生物入侵与生物安全》等5门课程被评为国家级精品课程，《生物统计学与试验设计》被评为国家级双语教学课程，《茶文化与茶健康》、《植物保护学》已被正式列入中国大学视频公开课；2000—2010年，学院共出版教材39部，其中《遗传学》等9部教材入选普通高等教育“十一五”国家级规划教材。学院非常重视本科实验教学，建院初期就对各系所的教学实验室进行整合，成立了实验教学中心，负责全院的实验教学工作。经过十多年建设，中心已于2013年正式被教育部命名为“农业生物学实验教学示范中心”。目前中心每年面向农学、园艺、植保、茶学、园林、应用生物科学等10多个专业开设90门实验课程，450个实验项目。

所有实验指导教师也都是来自科研一线的教师，其中具有正高职称的教师的比例接近一半，成为中心实验教学的一大亮点。

为了鼓励教师及时更新实践教学内容，将最新的学科发展融入教材，2012 年初学院组织各个学科的一线实验指导教师编写《农业与生物技术实验指导丛书》，并邀请了多位浙江大学的著名教授和浙江大学出版社的专家进行指导，力争出版的教材能很好地反映我院多年来的教学和科研成果，争取出精品、出名品。现在丛书的首批 10 部实验教材终于陆续付梓，在此我们感谢为该丛书编写和出版付出辛勤劳动的广大教师和出版社的工作人员，并恳请各位读者和教材使用单位对该丛书提出批评意见和建议，以便今后进一步改正和修订。

浙江大学农业与生物技术学院
2014 年 6 月 24 日

前　言

遗传学(包括生物信息学)和作物育种学是两个紧密相关的学科，遗传学为作物育种学提供基本的理论指导，而作物育种学为遗传学提供基本的实验方法和实验材料。多年来我们一直有将这两门课程的实验合在一起编写一部实验指导书的想法，现在借学院组织出版实验系列教材的机会将想法付诸实施，实感欣慰！值得注意的是，这部教材的内容主要是收集了近年来我院农学专业开设的实验课程内容，以基础实验和综合性实验为主，在内容上不追求"全"，而追求"新"，追求启发性和创新意识的培养。

这部教材在编排上具有一定的新颖性，主要体现在以下几个方面：

第一，遗传学实验和作物育种学实验部分都重点写了相关实验的背景知识。我们认为，背景知识对学生深入理解与掌握实验原理和技术是必要的。学生有了较多的相关背景知识，在实验中才会有深入观察的要求、判断推理的基础、准确解释结果的可能；同时，一个好的背景知识讲解也会促进学生对实验学习的兴趣。本书中遗传学实验部分的背景知识写得有独到之处，插入了一些具有"颠覆性"、好奇性或带有伦理思考的案例，能使学生有"眼前一亮"的感觉。如学生都知道摩尔根是遗传学的创始人之一，但几乎没有学生知道摩尔根在早期用果蝇做试验的初衷是想在完全黑暗的环境条件下培养出"瞎"果蝇，以证明环境条件的改变是生物个体性状发生改变的主导，从而为反对遗传学提供充足的依据；但最终他不但没有培养出"瞎"果蝇，反而在发现一个白眼性状突变后证明了孟德尔的分离规律，并促使他本人逆转为一个遗传学的坚定的支持者。在果蝇实验中写入这样一个背景知识介绍，可以让学生不仅明白果蝇实验的起因和作用，更让他们增加了做果蝇实验的兴趣和动力。又如，在植物染色体带型分析实验中，我们在背景知识中植入了与大熊猫分类有关的案例，讲述了100多年来关于大熊猫分类争论的细节，最终通过G带染色，证明了大熊猫的部分染色体是由熊科的祖先染色体长臂发生易位融合进化而来，从而解决了100多年来悬而未决的问题。学生可以从这个案例中很好地领会染色体核型分析的原理和作用，还可以对染色体组的概念有更深刻的理解。

第二，在每个实验的后面精心设计了一些带有探究性的问题。这些问题是我们近年来实行探究性实验教学的结晶，大多是书本上没有、平时不容易想到、知识性和趣味性都较强的问题，对于学习成绩好、上进心强的学生来说无异于是学习上的“琼浆玉液”，对于提高学生的思考能力和创新意识具有较大的帮助。比如为什么根尖用秋水仙碱处理的时间一般都定在常温下4h？为什么在显微镜中看到的中期分裂相总是比较少？为什么有丝分裂中期看到的染色体有细长型、短粗型、X型等各种不同形态？为什么封片时材料要依次在不同酒精浓度中脱水？等等，这些问题一般书上都没有提及，也没有现成答案，但具有较高的遗传学价值，涉及较深的遗传学或其他学科的原理，很容易激起潜伏在学生内心深处的爱探究、爱追根刨底的习性。最有意思的是，在做果蝇三点测验实验时，我们通常先以预习测验的形式花几分钟让学生回答“如果换用野生果蝇的处女蝇做母本和三隐性雄蝇做父本配置组合是否可行”，并要求说明原因，多年来累计上千名学生居然没有人能圆满解答这个问题！而在老师讲解后学生发现这并不是一个太复杂的问题，留给他们的也只有“拍”自己脑袋的份了！通过这样的训练，学生思考的主动性和敏锐性必然会增强。

第三，在每个实验最后以单页形式附上“实验记录和报告”，增加教材的实用性。把实验报告附在实验指导书中是当前编写实验指导书开始流行的一种形式，它方便对实验报告的收集、管理和保存，对学生来说，把自己的实验过程和实验结果写在“书”上更能体现成就感，可以提高学生做实验的认真程度。若干年后，当学生“功德圆满”时，再来翻开这本书，必有一番别样的感受！

本书主要是汇集编者多年来的教案资料编撰而成的，遗传学和作物育种学实验部分主要由肖建富完成，生物信息学实验部分主要由樊龙江完成。同时农学系的张宪银副教授、吴建国教授（现为浙江农林大学教授）分别提供了细胞流线仪和近红外分析仪的使用方法和案例，王煜和叶楚玉博士参与了生物信息学实验部分的编写，本科生裘立、唐昕蓓、俞锦科、高健、徐雯丽、卜汉杰参与了部分作物育种学实验的编写，在此一并表示感谢！本书最后虽然列出了参考文献，但本书内容大多来自陈年积累的资料，文献出处肯定会有遗漏，从而导致本书所列文献不全，编者对由此造成的过失向有关作者表示深深的歉意！

为了方便教学，提高教学质量，遗传学实验部分可参考网址 http://jpkc.zju.edu.cn/k/531/，并提宝贵意见。

由于编者的经验和水平有限，书中肯定存在一些不足之处，真诚地希望得到前辈专家及诸位同行的指正，更希望使用本书的同学们能给我们一些反馈意见，以利于我们今后进一步改进。E-mail：jfxiao@zju.edu.cn。

肖建富　樊龙江

2014年6月于杭州

目　录

第一部分　遗传学实验

实验1　植物细胞有丝分裂的观察与永久片制作

1.1　背景知识及实验原理

一颗小小的种子为什么能长成参天大树？为什么一个小小的受精卵能发育成人？这些问题对于200年前的人们是很难回答的，甚至在上千年的时间里人们一直以为种子或受精卵本身就是缩得很小的植物或人体。一直到施莱登（M. J. Sehleiden）和施旺（T. A. H. Schwann）在1838—1839年总结了前人的工作，提出了细胞学说，人们才明白整个植物体和动物体都是从细胞繁殖和分化发育而来的。1882年，福莱明（W. Flemming）改进了固定和染色技术，首先精确地描述了细胞的有丝分裂过程，并把细胞分裂命名为有丝分裂（mitosis）；斯特拉斯布格（E. A. Strasburges）根据染色体的行为把有丝分裂分为前期、中期、晚期、末期。他们两人用植物和动物材料分别表明：细胞核从一代细胞传到下一代细胞中，保持着物质上的连续性。

那么，细胞分裂的整个过程是怎样的呢？当时，由于在显微镜下明确地观察到染色体有规律地变化，对有丝分裂之外的细胞生化事件了解甚少，误认为细胞的增殖活动主要发生在形态变化明显的有丝分裂期，因而将细胞活动分为分裂期和静止期（后来称为间期）。1953年，Howard和Pelc用^{32}P的磷酸盐作为标记物浸泡蚕豆实生苗，然后在不同时间取根尖做放射自显影，结果发现有丝分裂必需的遗传物质DNA的复制发生在静止期中的一个区段，这一区段与有丝分裂期的前后存在两个间隙。因此他们明确地提出细胞周期的概念，并将细胞周期划分为4个时期：S期（DNA合成期）、M期（有丝分裂期）、G_1期（M期结束到S期之间的间隙）和G_2期（S期结束到M期之间的间隙）。细胞在细胞周期中顺序经过$G_1 \rightarrow S \rightarrow G_2 \rightarrow M$而完成其增殖。

G_1期是DNA合成的准备时期。染色体已解螺旋成伸展的染色质，核中DNA含量保持在原来二倍体细胞中的量，以2C表示。各种RNA、蛋白质和DNA复制所需的酶类开始合成。

S期是DNA合成期。真核生物染色体很长，含有许多复制单位并能同时复制，但也并非都绝对同步。常染色质为早复制部分，异染色质为晚复制部分。Richard（1978）认为，复制时染色体高度伸展，组蛋白八聚体先解离成两个四聚体，进而四聚体的各个分子又分开，随之DNA双螺旋失去超卷曲状态呈线状伸展。八个组蛋白分子只与DNA一条链接触，当双螺旋被解旋酶打开时复制就开始。DNA的复制与组蛋白的合成是同步进行的，新的组蛋白只在新的DNA链上排列，旧的组蛋白仍与旧的DNA链结合。复制后在组蛋白作用下DNA又重新超螺旋化，恢复核小体结构。但是，Laskey等(1978)分离到了一种相对分子质量为29000的酸性蛋白，它能把组蛋白装配成八聚体，运送到DNA上去，故称为装配蛋白。复制后核内DNA含量由2C增至4C。

G_2期即有丝分裂准备期。核内DAN含量稳定在4C水平。RNA和蛋白质合成继续进行。与染色体螺旋化有关的蛋白和组成纺锤体的微管蛋白开始形成。

M期是有丝分裂期。间期复制好的染色单体在此期间向两个子核分配，最后形成两个子细胞。在M期中DNA相对含量从4C水平变为2C水平。细胞有丝分裂是一个连续过程，不过通常根据有丝分裂过程中染色体的动态变化，将其分为前期、中期、后期和末期四个时期(图1-1)。

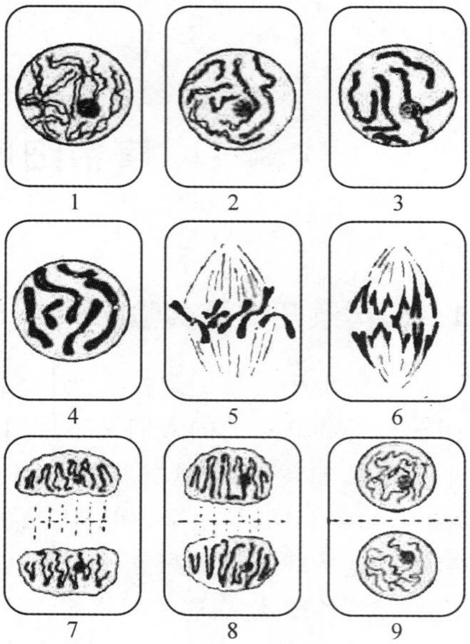

图1-1　植物有丝分裂模式图

1.极早前期；2.早前期；3.中前期；4.晚前期；5.中期；6.后期；7.早末期；8.中末期；9.晚末期

前期(prophase)：核内染色质逐渐凝缩为细长而卷曲的染色体，每条染色体由两条染色单体组成。两条染色单体由共同的着丝点相连，并以螺旋的形式互相缠绕，一般情况下难以分清。前期末核仁消失，核膜破裂。

中期(metaphase)：纺锤体在细胞质内出现，各个染色体分别独立地向纺锤体的赤道面移动，并最终有规律地排列在赤道板上。此时两极的纺锤丝分别与各染色体的着丝点相连，并且与从水平两侧作用于染色体上的力量持平。这个时期染色单体的螺旋消失，染色单体已不再相互缠绕，是鉴别染色体形态和数目的适宜时期。

后期(anaphase)：各染色体的着丝点分裂为二，其每条染色单体相应地分开，并各自随着纺锤丝的收缩而移向两极。着丝点分裂的动力并非来自与两极相连的纺锤丝的张力，因为在用秋水仙碱处理破坏纺锤丝微管的情况下，两条单体也可以分裂开来。

末期(telophase)：到达两极的染色体由聚缩状态向伸展状态转变，随即被新生的核膜包围形成两个子核。核仁在核仁组织区产生。在细胞质中央赤道板处形成新的细胞壁，使细胞分裂为二，形成两个子细胞。末期结束也就是有丝分裂一个周期的结束，紧接着新的细胞周期又开始了。

有丝分裂的前期较长，中期、后期和末期较短(表1-1)。中期的持续时间仅占有丝分裂总时间的1/10左右，如果以细胞周期计算，仅占1%左右。

表1-1　若干植物有丝分裂的持续时间　　(单位：min)

植物	总时间	前期	中期	后期	末期
洋葱根尖	83.7	71.0	6.5	2.4	3.8
豌豆根尖	109.8	78.0	14.4	4.2	13.2
黑麦根尖	76～100	36～45	7～10	3～5	30～50
燕麦草柱头	78～110	36～45	7～10	15～20	20～35
豇豆胚乳	182	40	20	12	110
紫露草雄蕊毛	128	103	11	6	15
鸢尾胚乳	102～182	40～65	10～30	12～22	40～75

植物细胞周期的持续时间一般在十几小时到几十小时之间。S 期最长，M 期最短，G_1 和 G_2 期变动较大。各期持续时间又因物种、细胞类型、温度、光照和其他外界因子而变化（表 1-2）。

表 1-2 几种高等植物细胞周期的持续时间

（单位：h）

物种	温度(℃)	G_1	S	G_2	M	总周期
小麦	23	0.8	10.0	2.0	1.2	14.0
黑麦	20	1.0	6.0	-4.7-		11.7
小黑麦	25	2.8	5.3	-2.5-		10.6
大麦(二倍体)	25	1.9	4.5	3.0	1.0	10.4
大麦(四倍体)	25	1.3	5.8	3.2	1.1	11.4
玉米	20	0.5	4.3	-5.7-		10.5
洋葱	24	1.5	6.5	2.4	2.3	12.7
大葱	23	2.5	10.3	-6.0-		18.8
韭菜	23	2.5	11.8	7.5	9.5	31.3
向日葵	25	1.2	4.5	1.5	0.6	7.8
西葫芦	30	1.0	4.4	2.3	1.5	9.2
番茄	23	1.8	4.3	-4.5-		10.6
豌豆	23	5.0	4.5	3.0	1.2	13.7
蚕豆	23	4.0	9.0	3.5	1.9	18.4
烟草	23	3.0	3.8	1.4	0.8	9.0
短叶松	22	15.3	7.6	1.4	1.4	25.7

观察植物的有丝分裂要制备染色体的标本。Belling(1921)首先提出染色体涂片法，把细胞涂抹在载玻片上然后固定和染色。后来人们发现植物细胞或组织先固定和染色然后压片效果更好，并形成一种常规技术沿用至今。它包括取材、预处理、固定、解离、染色、压片和封片等程序。

取材：植物体的生长依赖于三个特定区域中分生组织的细胞分裂，即根尖的分生组织、茎尖（包括侧芽）的分生组织，以及茎中和根中的形成层分生组织。由于根尖取材容易，操作和鉴定方便，故一般采用根尖作为观察植物有丝分裂的材料。根尖可以取自盆栽或大田种植的植物，但在适宜条件下生长的种子的根尖分裂更旺盛，更容易获得分裂相丰富的制片。种子发芽时发芽床必须始终保持湿润，但又不能有太多的水分，以种子接触湿润介质、种子周围有足够空气为宜。大多数植物的种子一般采用光照条件下发芽，光照强度为 750～1250lx。不同植物种子发芽的适宜温度不同，一般夏季作物较高，冬季作物较低（表 1-3）。

表 1-3　若干植物种子发芽的适宜温度　（单位:℃）

植物	洋葱	油菜	大豆	棉花	大麦	小麦	水稻	玉米	西瓜	花生
温度	20～25	20～25	25～30	25～30	20～25	20～25	25～30	25～30	25～30	25～30

预处理:为了获得较多的中期分裂相,通常用阻止纺锤体形成的化学药品处理数小时,使细胞分裂停止在中期阶段。此类药物有:0.01%～0.4%秋水仙碱(colchicine),饱和的对二氯苯(p-dichlorobenzene,pDB),0.002～0.004mol/L 8-羟基喹啉(8-hydroxyquinoline)等。切取1～2cm 根尖浸于上述溶液,或连同种子一起浸泡。化学药物处理时的温度以10～20℃为宜,温度过高则染色体易粘连,难以压散。用低温(0～4℃)预处理,即使不加任何化学药物也能获得较好的中期分裂相,且制片时染色体易分散,近年来已被广泛采用。低温处理时间一般在12～30h。

固定:固定液可把细胞迅速杀死,并保持细胞内各种结构的原有状态。最常用卡诺氏(Carnoy)固定液,它由3份无水乙醇和1份冰醋酸组成。固定时间2～24h,小材料可短些,材料大的宜处理长一些。最好在冰箱中固定材料,若24h后不制片,需更换至70%酒精中保存。

解离:为了使组织软化和细胞离散开,常用酸液水解材料。如1mol/L 盐酸中60℃恒温处理5～10min,45%冰醋酸60℃恒温下处理20～30min等。还能将材料置于25℃温度下用3%纤维素酶和3%果胶酶混合液浸泡1～3h,待材料软化后即可染色。但这些酶价格昂贵(质量好的每克1000元以上),不是特别需要一般不采用。

染色:一些染色剂能与细胞中的DNA或某些分子基团发生化学反应并使其着色。如醋酸洋红、醋酸地衣红、改良苯酚品红、席夫(Schiff)试剂、吉姆莎(Giemsa)染液等。其中,席夫试剂能专一性地与从DNA上游离出的醛基发生反应而出现紫红色,可用于DNA的定量分析;而改良苯酚品红染色液对大部分的染色体均可着色,细胞质着色很浅或基本不着色,所以应用较广泛。有些物种不易被品红或洋红染色,可考虑用铁明矾苏木精染色,但操作较繁,制片时间较长。

压片:压片时要尽量剔除非分生组织的材料,使得用于压片的材料较少,细胞容易分散开。因此要先用刀片切除根冠和伸长区部分(约0.5～1mm,根据材料而定),仅保留之后的分生组织(1mm左右)用于压片。

封片:刚压好的片子仅能用于观察1h左右,时间一长里面的水分就要收缩产生气泡影响观察。用石蜡、甘油胶冻或指甲油将盖玻片的四周封固制成临时片,可保存观察一周左右。但时间过长也会导致物像收缩、颜色变深而难以观察。因此要长期保存,就要脱去材料中的水分,用封藏剂进行封片。

1.2　实验目的和要求

(1)了解细胞周期的概念及在细胞周期中染色体的动态。

(2)掌握制作有丝分裂染色体标本的方法,观察和了解植物根尖细胞有丝分裂各个时期染色体的主要特征。

(3)学会用数码显微镜在电脑上进行显微照相的方法。

(4)掌握永久制片的制作方法。

1.3　实验材料

(1)洋葱(*Allium cepa*,$2n=16$)的鳞茎。

(2)玉米(*Zea mays*,$2n=20$)的种子。

(3)裸大麦(*Hordeum vulgare*,$2n=14$)的种子。

1.4　实验用具和药品

1.4.1　仪器用具

数码显微镜、普通显微镜、光照培养箱、冰箱、电子天平、水浴锅、指形管、酒精灯、培养皿、载玻片、盖玻片、镊子、刀片、解剖针、吸水纸、滤纸、标签、铅笔。

1.4.2　药品试剂及配制方法

无水酒精、95%酒精、70%酒精、1mol/L 盐酸、0.1mol/L 盐酸、1%醋酸洋红、卡诺氏固定液(1 份冰醋酸+3 份无水酒精)、铁钒(硫酸亚铁)、秋水仙碱、对氯二苯、碱性品红、冰醋酸、苯酚、福尔马林、山梨醇、纤维素酶、果胶酶、0.1mol/L 醋酸钠、0.002mol/L 8-羟基喹啉、改良苯酚品红染色液。

各种酒精浓度和不同浓度的酸碱溶液配制方法见附录Ⅰ。

0.01%～0.4%秋水仙碱溶液:先以少量 95%酒精将 1g 秋水仙碱溶解,再加蒸馏水至 100ml 配成 1%的母液,贮存于棕色瓶中,置于冰箱中保存。需要时可量取一定量的母液,按比例稀释即可。

对氯二苯饱和水溶液:取 10g 对氯二苯加蒸馏水 100ml。

0.002mol/L 8-羟基喹啉水溶液:用电子分析天平称 0.2901g 8-羟基喹啉,用蒸馏水定容于 1000ml 容量瓶中,在 60℃下溶解后备用。

0.1mol/L 醋酸钠缓冲溶液(pH4.5):称取 2.95g 醋酸钠和 3.8ml 冰醋酸,用蒸馏水定容至 1000ml。

酶液:称取 2g 纤维素酶和 0.5g 果胶酶溶于 100ml 0.1mol/L 醋酸钠溶液(pH4.5)中,配成 2%纤维素酶和 0.5%果胶酶的混合液。

改良苯酚品红染色液:

A 液:称 3g 碱性品红,溶于 100ml 70%酒精中(此液可长期保存);

B 液:量 10ml A 液,加入 90ml 5%苯酚水溶液中(此液限 2 周内使用);

量 45ml B 液,加入 6ml 冰醋酸和 6ml 37%福尔马林,即制成苯酚品红染色液;

量 10ml 苯酚品红染色液,加入 90ml 45%醋酸和 1g 山梨醇,即制成改良苯酚品红染色液(山梨醇稍多,会出现结晶,影响制片效果)。

1.5　实验方法和步骤

1.5.1　取材

(1)洋葱根尖:将已过休眠期的洋葱鳞茎放在盛满清水的烧杯上,放入 25℃光照培养箱中发根,待根长约 2cm 时剪取根尖进行预处理。

(2)玉米、裸大麦根尖:在干净的培养皿中放 2 张滤纸,倒入蒸馏水将滤纸完全浸湿,再将水倒出,仅在滤纸下保留少量水;将种子用水洗净后排入培养皿中(种子间距大于 1.5cm),放入25℃光照培养箱中发根，待根长约2cm时剪取根尖进行预处理。

注意：种子发芽生根过程中水分的多少很重要，既不能让种子接触不到水分，又不能水分太多，否则即使表面上看根长得很好，但压片时却只能得到大量处于前中期的分裂细胞，而处在正中期的分裂细胞会很少。至于其中的原因，目前还不明确。

1.5.2　预处理

采用以下任一方法进行：

(1)将根尖放入装有预冷冰水的指形管中，再将指形管放入1～4℃的冰箱中处理20h左右。

(2)在0.01%～0.4%秋水仙碱水溶液中处理2～4h。

(3)在对二氯苯饱和水溶液中处理3～4h。

(4)在0.002mol/L 8-羟基喹啉水溶液中处理3～4h。

注意：用以上各种药剂处理时，温度不能过高，以10～15℃为宜。

1.5.3　固定

取出根尖用蒸馏水清洗干净后，用卡诺氏固定液进行固定处理。处理时间随温度而定：室温下处理4h左右即可，但以在低温(1～4℃冰箱)下处理24h的效果较好。如果经过固定的根尖不立即使用，可用95%酒精清洗后换到70%酒精中于4℃下保存。如果保存时间太久，需要重新固定后再用。

1.5.4　解离

采用以下任一方法进行：

(1)根尖换入蒸馏水中洗净，取出后放在干净的吸水纸上把水分吸去，马上放入预热的1mol/L盐酸溶液中，并在60℃下解离8～10min。用席夫试剂染色时必须用这一方法解离。

(2)用0.1mol/L醋酸缓冲液洗根尖2次，转入2%纤维素酶和0.5%果胶酶的混合酶液中，于25℃恒温箱中处理1～2h。

注意：随时观察根尖软化情况，不可让根尖太软。

(3)先用1mol/L盐酸在60℃下解离2min，再用2%纤维素酶和0.5%果胶酶的混合酶液在25℃下处理1h左右。

1.5.5　染色和压片

常用的核染色剂有醋酸洋红、醋酸地衣红、改良苯酚品红、席夫(Schiff)试剂、吉姆莎(Giemsa)染液等。解离后的根尖置于载玻片上，用刀片切去根尖最前端约0.5mm的根冠和伸长区，接着切取约1mm的分生组织(其余根组织除去)，并在材料上滴上一滴改良苯酚品红染色液，半分钟后盖上盖玻片，用手指按住盖玻片一角(手指下可先放几层滤纸)，再用解剖针在材料上面垂直敲打盖玻片，最后盖上滤纸用大拇指用力压片。

提醒：① 用于压片的材料不能太大块，通常操作正确的话有1mm大小就差不多了。材料太多压片时就不易把细胞压散，造成细胞重叠影响观察效果。有的同学总是不放心，怕切得太少会把分生组织漏掉，这时你可以多切几块(也是1mm大小)，放在同一张载玻片但不同的盖玻片下压片，并可以比较一下观察的效果。② 敲打和压片时用力方向都要与玻片平面保持垂直，要用另一只手按住盖玻片一角，以防盖玻片与载玻片间发生移动。否则所有的细胞都会被拉长，变成一片片的“云彩”，从而严重影响细胞内染色体的观察！

1.5.6　镜检和显微照相

先用低倍镜寻找有丝分裂相的细胞，随机统计多个视野下的细胞，确定处于不同分裂时期的细胞百分率，然后用高倍镜仔细观察各时期染色体的形态特征。若发现有数目完整、分散好、染色体特征明显的中期分裂相细胞，就在数码显微镜中进行照相并将图片保存在电脑中(图片文件以自己的班级加姓名命名)。数码显微镜的使用方法请见附录Ⅳ。

1.5.7　制作永久片

制作永久片最简单的方法是将玻片放在液氮(−197℃)表面冷冻 1min 后，马上用刀片直接将盖玻片掀开，盖玻片和载玻片置盒中空气干燥 7d 后，再用中性树胶封片。若要马上封片，则一般采用脱水法，其方法是：制好玻片后，将盖玻片朝下，放入盛有Ⅰ号液(1 份 45%醋酸＋1 份 95%酒精)的培养皿中，将载玻片的一端搁在短粗玻棒上，呈倾斜状，让盖玻片自然滑落。盖玻片脱落后，分别取出盖玻片和载玻片，依次放入Ⅱ号液(2 份 95%酒精＋1 份正丁醇)、Ⅲ号液(1 份 95%酒精＋2 份正丁醇)和Ⅳ号液(正丁醇)各 5min，然后取出盖玻片和载玻片置于滤纸上吸除多余的溶剂，在载玻片中央载有材料处滴上一滴中性树胶，将盖玻片盖回原来位置进行封片。封片后平放晾干，镜检后里面图像符合要求的就予以保留，并贴上标签，注明标本名称、作者姓名和制片日期。

1.6　实验作业

(1)每人上交一张具有典型细胞分裂相的永久制片。

(2)将观察到的各时期的典型细胞相保存在电脑的 D 盘中备查，并临摹在实验报告纸上。

1.7　问题讨论

(1)为什么将秋水仙碱的处理时间定为 2～4h?

(2)为什么显微镜下看到的细胞中期分裂相很少?

(3)为什么有丝分裂过程中看到的染色体有细长型、短粗型、X 型等各种不同的形态?

(4)为什么做永久制片时不能直接用纯酒精对材料脱水?

1.8　实验记录和报告

1.8.1　学生班级＿＿＿＿＿＿＿＿姓名＿＿＿＿＿＿＿＿

1.8.2　指导教师姓名＿＿＿＿＿＿＿＿＿＿＿＿＿＿

1.8.3　实验日期＿＿＿＿＿年＿＿＿＿＿月＿＿＿＿＿日

1.8.4　实验名称＿＿＿＿＿＿＿＿＿＿＿＿＿＿＿＿＿＿

1.8.5　原始记录

1.8.6　实验报告

画出你观察到的各时期的细胞有丝分裂的染色体动态图并加以说明。

实验 2　植物细胞减数分裂的观察与永久片制作

2.1　背景知识及实验原理

1883 年，比利时人 E. van Beneden 证明马蛔虫 *Ascaris megalocephala* 配子($n=2$)的染色体数目是体细胞染色体数($2n=4$)的一半，并且在受精过程中卵子和精子贡献给合子的染色体数目相等。那么，这种染色体数目减半的配子是如何来的呢？德国人 A. Weismann (1887)预言在配子形成前必然经过一种特殊的分裂，将配子母细胞的染色体数减半。他将这种特殊的细胞分裂方式称为减数分裂。自此以后，各国科学家对细胞减数分裂的研究趋之若鹜，通过几十年的努力，学者们逐步弄清了减数分裂的全过程。

减数分裂是一种特殊形式的有丝分裂，这种特殊性主要表现在两个方面：一是细胞中的同源染色体要发生配对；二是细胞要连续分裂两次。这样经过两次分裂，分别将同源染色体与姐妹染色体平均地分配给子细胞，最终形成的配子中染色体数仅为性母细胞的一半但却具有全套的染色体组。这种配子染色体数目减半的意义在于：受精时雌雄配子结合，恢复亲代染色体数和染色体组，从而保持物种染色体数和染色体组的恒定。

减数分裂的具体过程如下(图 2-1，2-2，2-3)。

2.1.1　前减数分裂期

前减数分裂期相当于减数分裂前的间期，也可分为 G_1、S 和 G_2 期。不同的是 S 期特别长，如蝾螈的 S 期由有丝分裂的 12h 增长到 10d。另一特点是减数分裂前 S 期只合成全部染色体 DNA 的 99.7%，其余的 0.3%在偶线期合成。G_2 期是细胞由有丝分裂向减数分裂发展的转变时期。

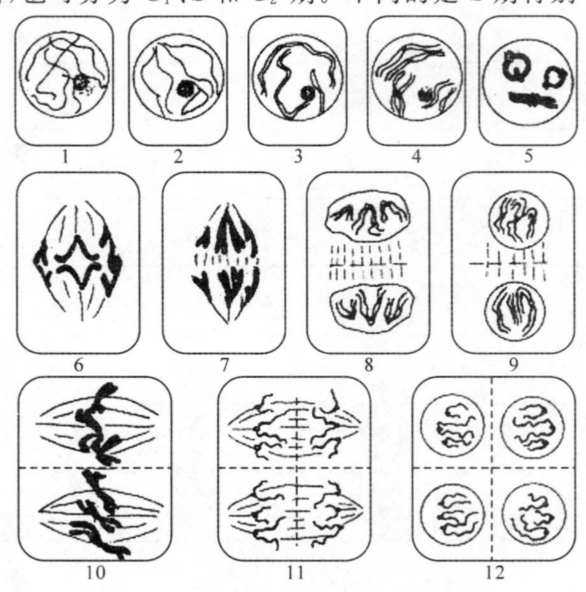

图 2-1　植物花粉母细胞减数分裂示意图

1. 细线期；2. 偶线期；3. 粗线期；4. 双线期；5. 终变期；6. 中期Ⅰ；7. 后期Ⅰ；8. 末期Ⅰ；9. 前期Ⅱ；10. 中期Ⅱ；11. 后期Ⅱ；12. 末期Ⅱ(四分体)

2.1.2　第一次减数分裂

第一次减数分裂可分为前期Ⅰ、中期Ⅰ、后期Ⅰ、末期Ⅰ。

前期Ⅰ：持续时间长，结构变化复杂，根据细胞内染色体形态的动态变化，通常又可分为细线期、偶线期、粗线期、双线期和终变期 5 个时期。

注意：这 5 个时期是一个连续的过程，是为叙述方便而划分的；一般书上图示只给出这 5 个时期的典型特征，但我们在显微镜下实际观察到的往往是某两个时期中间的非典型形态。

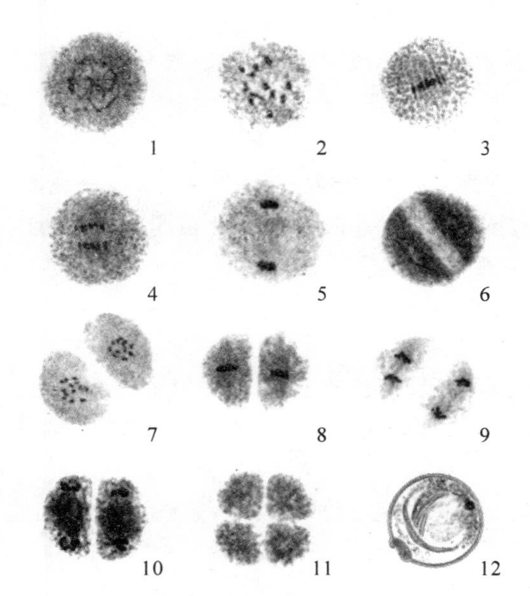

图 2-2 水稻花粉母细胞的减数分裂

1. 粗线期；2. 终变期；3. 中期Ⅰ；4. 后期Ⅰ；5. 末期Ⅰ；6. 二分体；7. 前期Ⅱ；8. 中期Ⅱ；9. 后期Ⅱ；10. 末期Ⅱ；11. 四分体；12. 单核花粉

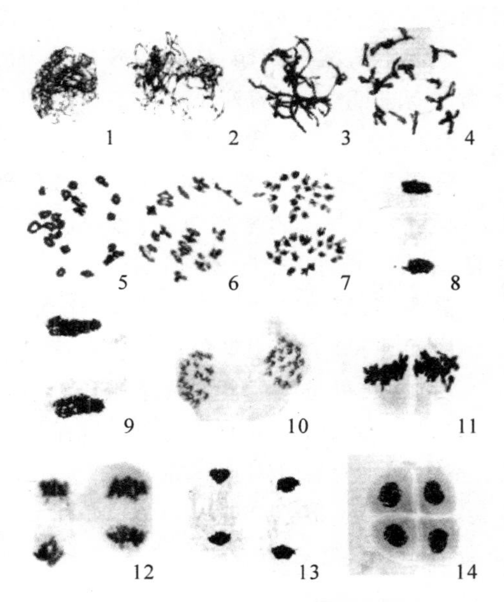

图 2-3 普通小麦花粉母细胞的减数分裂

1. 细胞期；2. 偶线期；3. 粗线期；4. 双线期；5. 终变期；6. 中期Ⅰ；7. 后期Ⅰ；8. 末期Ⅰ；9. 分裂间期；10. 前期Ⅱ；11. 中期Ⅱ；12. 后期Ⅱ；13. 末期Ⅱ；14. 四分体

细线期：第一次分裂开始时，染色体浓缩为细长的细线，但相互间往往难以区分，虽然染色体已在减数分裂前的间期复制，每一染色体应该已有两个染色单体，但在细线期的染色体上还看不到双重性。每条染色体的两端通过附着板和核膜相连。

偶线期：两个同源染色体这时开始配对，这种配对称为联会。同源染色体在两端靠近核膜部位先行靠拢配对，或在染色体的各不同部位开始配对，配对最后扩展到染色体的全长，形成联会复合物。这时期有残余的 0.3%DNA 合成。由于同源染色体中一条染色体是由两条染色单体组成，故每一配对的结构中共有四条紧密结合在一起的染色单体，称为四合体。由染色体水平来考虑则称之为二价体，因为每对是由两条同源染色体组成。

粗线期：两条同源染色体的联会完成，细胞就进入粗线期，粗线期要维持几天。在这时期可发生同源染色体间的互换。

双线期：联会消失开始于双线期，此时期联会复合体解体，二价体的两条同源染色体彼此拉开，此时可见到同源染色体间的一个或多个交叉点，这些交叉点标志着交换的发生部位，因此一般认为交叉是交换的结果。

终变期：交叉随着时间逐渐减少并向两端移动，简称端化。此时期染色体螺旋化程度更高，表现更为粗短。交叉的端化仍旧继续进行，这时核仁和核膜开始消失，纺锤体开始形成，二价体开始向赤道板移动。

中期Ⅰ：核膜的破裂是前期Ⅰ向中期Ⅰ转化的标志。纺锤体侵入核区，分散于核中的四合体开始向纺锤体的中部移动。最后染色体排列在细胞的赤道板上，不同于有丝分裂的是，四合体上有四个着丝点，一侧纺锤体只和同侧的两个着丝点相连。同源染色体的着丝粒分居赤道面两侧。

后期Ⅰ：由于纺锤丝的牵引，同源染色体分开，分别移向细胞的两极。每极的染色体数比母细胞减少一半，这就是实际上的减数分裂。

末期Ⅰ与减数间期：核膜和核仁重新形成，细胞质分裂，形成两个子细胞(二分体)。有的生物没有末期Ⅰ，由后期Ⅰ直接进入前期Ⅱ或中期Ⅱ。

2.1.3　第二次减数分裂

分裂Ⅱ一般与分裂Ⅰ末期紧接，或出现短暂的间歇。这次分裂与前一次不同，在分裂前，核不再进行DNA的复制和染色体的加倍，而整个分裂过程与一般有丝分裂相同，分成前期、中期、后期、末期4个时期，前期较短，而不像分裂Ⅰ那样复杂。

前期Ⅱ：核内染色体呈细丝状，逐渐变粗短，至核膜、核仁消失。

中期Ⅱ：每个细胞染色体排列在赤道面上，纺锤体明显。

后期Ⅱ：每条染色体的两条染色单体随着着丝点的分裂而彼此分开，由纺锤丝牵向两极。

末期Ⅱ：移向两极的染色单体各组成一个子核，并各自形成一个子细胞。至此，四分体形成，整个减数分裂过程正式完成。

由上可见，减数分裂中一个母细胞要经历两次连续的分裂，形成4个子细胞，每个子细胞的染色体数只有母细胞的一半。

2.2　实验目的和要求

(1)学习花粉母细胞涂抹制片技术。

(2)观察细胞减数分裂时期染色体变化规律及特征。

(3)学会用数码显微镜在电脑上进行显微照相的方法。

(4)掌握花粉母细胞永久制片的制作方法。

2.3　实验材料

(1)玉米(*Zea mays*，$2n=20$)的雄蕊。

(2)普通小麦(*Triticum aestivum*，$2n=42$)的幼穗。

2.4　实验用具和药品

2.4.1　仪器用具

数码显微镜、普通显微镜、冰箱、电子天平、酒精灯、三角瓶、棕色试剂瓶、玻璃漏斗、滤纸、培养皿、玻璃棒、电炉、载玻片、盖玻片、镊子、剪刀、记号笔。

2.4.2　药品试剂及配制方法

无水酒精、95%酒精、70%酒精、冰醋酸、正丁醇、1%醋酸洋红染色液、卡诺氏固定液(1份冰醋酸+3份无水酒精)、铁矾(硫酸亚铁)。

1%醋酸洋红染色液：将100ml 45%醋酸加热煮沸后，移去火苗，徐徐加入1～2g洋红，待全部溶解后再煮沸1～2min，冷却后加入2%铁矾水溶液5～10滴，或在煮沸的醋酸洋红染色液中悬置数枚锈铁钉(此时要防止溶液溢出)，以增强染色性能。配制的染色液过滤后贮存于棕色试剂瓶中备用。

2.5 实验方法和步骤

2.5.1 取材

(1)玉米的雄蕊:挑选并剪取处于抽穗前1～2周的大喇叭口期的玉米单株,小心剥出玉米的整个雄蕊,马上放入装有卡诺氏固定液的玻璃瓶中。

(2)小麦的幼穗:在小麦抽穗前10～15d,当旗叶与下一叶片的叶枕相距1～4cm时(依具体品种而定),小心剥开叶片,取出整个幼穗(有麦芒的要剪去麦芒),马上放入装有卡诺氏固定液的玻璃瓶中。

2.5.2 固定和预处理

将装有材料和固定液的玻璃瓶在4℃的冰箱中放置24h,然后倒去玻璃瓶中的固定液,并将材料用95%酒精冲洗2遍,再放入70%酒精中保存备用。

2.5.3 临时片制作

从小花中取出花药1～3枚置于载玻片上→滴一滴醋酸洋红溶液→用镊子夹碎花粉,并去尽肉眼可见的残渣→盖上盖玻片→先在低倍镜下观察片子中有无处于减数分裂时期的花粉母细胞,若没有,则用浸水后绞干的干净纱布擦去盖玻片和载玻片上的醋酸洋红溶液,再重新制片→若发现有处于减数分裂时期的花粉母细胞,则取下玻片在酒精灯的火焰上缓缓烘干(不能沸腾!)→在高倍镜下仔细观察各分裂相的细胞染色体的特征及变化规律。

注意:观察玻片要耐心仔细,见附录Ⅴ。

2.5.4 永久片制作

选择具有典型分裂相的临时制片1～2张→将玻片翻转,使盖玻片朝下,放入盛有脱盖玻片液(3份45%乙酸+1份95%酒精)的培养皿(编号①)中,将载玻片的一端搁在短粗玻璃棒上,呈倾斜状,让盖玻片自然脱落。

用镊子把已分离的载玻片和盖玻片分别取出,稍干后迅速放入②号培养皿(1份95%酒精+1份正丁醇)中。**注意**:在用镊子夹盖玻片时,尽量仅接触盖玻片的一个小角,以减少对盖玻片上材料的损伤。

停留3min后,用同样方法将载玻片和盖玻片移入③号培养皿(100%正丁醇)中。

停留3min后,取出载玻片和盖玻片正面(有材料面)朝上放在吸水纸上,先在载玻片载有材料处滴一滴中性树胶,然后将盖玻片翻转后(材料面朝下)盖回原来位置进行封片。**注意**:覆盖盖玻片时,要用镊子夹住盖玻片,轻轻地倾斜覆盖,使之随着树胶的扩展自然下滑,切不可施加压力或移动盖玻片。

封片后要平放不动,待树胶凝固后(约需20min)再进行镜检。

2.5.5 镜检和数码摄影

当在普通显微镜下发现有用的细胞相需要拍照时,可以用数码显微镜来摄影,具体见附录Ⅳ。LEICA公司的DMLB生物显微镜的使用方法如下:

将玻片在DMLB生物显微镜的载物台上放好。

找到需要拍照的细胞相并移到视野正中。

打开与显微镜连接的电脑。

双击“ACDSee6.0”图标,打开“ACDSee6.0-My Pictures”软件。

在工具栏中找到“Acquire”图标,双击后打开“Acquire Wizard”软件。

选择显微镜的名称和型号，按“下一步”键。

选择相片文件要在电脑里保存的地点和名称，按“下一步”键。

选择相片的保存类型，按“下一步”键。

进入图像界面。

调整显微镜上的微调旋钮使电脑中的图片达到最佳清晰度。

调整图像界面上的有关设置按钮，使图像的颜色和对比度等处于最佳状态。

拉动鼠标左键，使要拍摄的整个图片处于选中框内。

点击“Acquire”按钮，图片即被拍摄并在电脑中自动保存下来。

需要说明的是，为了防止好的细胞相在永久片制作过程中丢失，可在临时片制作完成后即进行快速显微拍照，拍摄完成后再进行永久片制作。

2.6 实验作业

(1)每人上交一张具有典型细胞分裂相的永久制片。

(2)请画 2 张你所观察到的不同减数分裂时期的细胞图，并简要说明染色体特征。

2.7 问题讨论

(1)在制作减数分裂压片时，为什么不像有丝分裂那样用解剖针进行敲打？

(2)为什么显微镜下看到的花粉母细胞分裂相较一致？

(3)女孩子在织毛衣时不小心把线球弄乱就容易形成死结而难以恢复。为什么在细线期、偶线期看到的细胞染色体像一团互相交错的“线球”，而在双线期、终变期每条染色体却能够完美地与其他染色体分离呢？

(4)为什么用树胶封片时盖玻片和载玻片没有按原来位置对好，镜检时还能看到大部分封片前看到的细胞相？

2.8　实验记录和报告

2.8.1　学生班级______________姓名______________

2.8.2　指导教师姓名____________________________

2.8.3　实验日期________年________月________日

2.8.4　实验名称______________________________

2.8.5　原始记录

2.8.6　实验报告

请画 2 张你所观察到的不同减数分裂时期的细胞图，并简要说明染色体特征。

实验 3 果蝇的性状观察与伴性遗传

3.1 背景知识及实验原理

果蝇(*Drosophila melanogaster*)属于昆虫纲双翅目，是奠定经典遗传学基础的重要模式生物之一。对果蝇最早作出书面描述的是亚里士多德(Aristoteles，公元前 384 年—公元前 322 年)，他曾提到有一种从黏液中的幼虫孵化出来的成虫即果蝇。遗传学上常用的是黑腹果蝇，原产于东南亚，也许在 1871 年前它们附着在一串香蕉上而来到了美国。昆虫学家伍德沃德在哈佛大学培养了这种果蝇，但在两年的试验中无论在眼睛颜色、翅膀形状方面都没有发现什么突变现象，就把果蝇推荐给了卡斯尔。卡斯尔培养了 5 年也没有发现什么，于是卡斯尔又向卢茨推荐。卢茨在实验中事实上已经培养出白眼果蝇，但没有引起他的重视，之后又把果蝇推荐给摩尔根。

摩尔根开始的时候是个"渐成论"者，认为个体的性状是后天获得的。他饲养果蝇是为了获取"渐成论"的证据：试图在完全黑暗的培养条件下培育出"盲眼"果蝇。但在近两年的实验中，他一直没有获得成功。曾经在第 69 代果蝇中出现过一种眼睛几乎昏花的果蝇，但这些果蝇很快恢复了视力。

就在摩尔根几乎要放弃果蝇实验的时候，1910 年 5 月的一天，他却在果蝇群体中发现了一只白眼雄果蝇。摩尔根敏感地意识到这只白眼果蝇突变体的重要性，因为可以用它来很好地验证孟德尔分离规律的正确性！因此摩尔根对它珍惜有加，晚上带回家中，让它睡在床边的一只瓶子中，白天又把它带回实验室。很快他把这只果蝇与另一只红眼雌果蝇进行交配，在下一代果蝇中产生了全是红眼的果蝇，一共是 1240 只。摩尔根又让 F_1 的雌果蝇和雄果蝇进行近亲繁殖，F_2 既有红眼，又有白眼，比例是 3∶1(图 3-1)。这说明红眼对白眼是显性，而

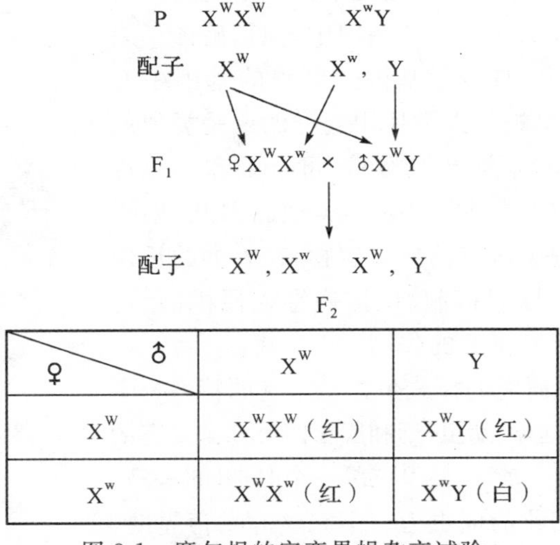

♂ / ♀	X^W	Y
X^W	X^WX^W(红)	X^WY(红)
X^w	X^WX^w(红)	X^wY(白)

图 3-1 摩尔根的突变果蝇杂交试验

且它们的差别只是一对基因的差异。很显然，白眼是红眼基因突变的结果。特别引人注意的是：在 F_2 群体中，所有白眼果蝇都是雄性而无雌性，这就是说白眼这个性状的遗传，是与雄性相联系的。

从这个试验结果可以看出，雄果蝇的眼色性状是通过 F_1 代雌蝇传给 F_2 代雄蝇的，它同 X 染色体的遗传方式相似。于是，摩尔根等就提出了假设：果蝇的白眼基因(w)在 X 染色体上，而 Y 染色体上不含有它的等位基因。这样上述遗传现象就得到了合理的解释(图 3-1)。

为了验证这一假设的正确性，摩尔根等又用最初发现的那只白眼雄果蝇跟它的红眼女儿交配(测交)，结果产生了 1/4 红眼雌蝇、1/4 红眼雄蝇、1/4 白眼雌蝇、1/4 白眼雄蝇。这表明 F_1 代红眼果蝇的基因型是 $X^W X^w$(图 3-2)，因此说明其假设是正确的。

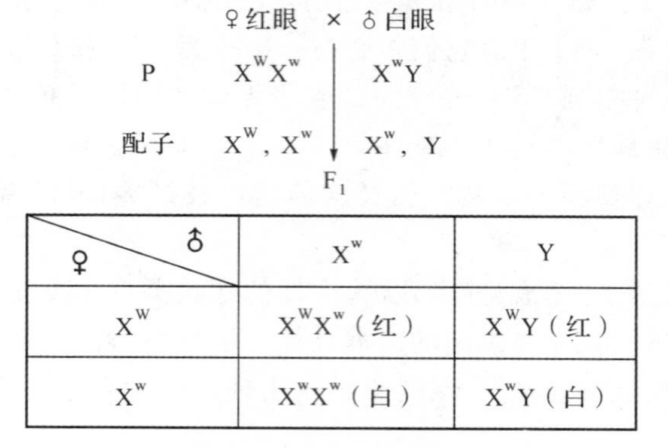

♀ \ ♂	X^w	Y
X^W	$X^W X^w$（红）	$X^W Y$（红）
X^w	$X^w X^w$（白）	$X^w Y$（白）

图 3-2 摩尔根的突变果蝇测交试验

摩尔根等通过对果蝇眼色遗传的研究，不仅使自己由一个遗传学的反对者转变为一个遗传学的支持者，而且揭示了伴性遗传的机理，更重要的是第一次把一个特定的基因定位在一个特定的染色体上，把抽象的基因落到了实处，从而创造了基因理论。

果蝇在 20 世纪初期就成了遗传学研究的模式生物，因此对其染色体组成和表型、基因编码和定位的认识，是其他生物无法比拟的。目前，科学家宣布已经掌握了果蝇基因的全部奥秘——在果蝇全部的 13601 个基因中，他们破译了果蝇 97%的基因编码和 99%的实际基因。果蝇的基因中有 61%与人类相同，特别是果蝇与人类使用同样的或是类似的基因进行生长发育。此外，果蝇会对酒精、可卡因和其他毒品上瘾，它们睡觉与苏醒的周期也与人类类似。因此，果蝇在现代又成了用于人类健康研究的模式生物，在人类的长寿机制、睡眠机制、肥胖和糖尿病机制、抵抗病毒入侵机制、记忆机制等领域的研究中起着重要的作用。

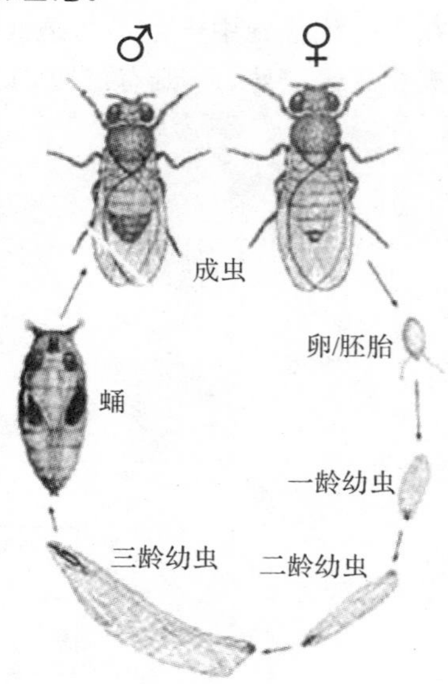

图 3-3 果蝇的生活周期

果蝇能够作为生物学研究的模式生物是与它的特性分不开的。果蝇的生活周期包括卵、幼虫、蛹和成虫四个完全变态的发育阶段，其中幼虫又分为一龄、二龄及三龄三个时期(图 3-3)。

从初生卵发育至新羽化的成虫为一个完整的发育周期，

在 25℃、60％相对湿度条件下，大约为 10d。通过控制养殖的温度，可以加速和减缓果蝇的发育。果蝇个体很小，幼虫在三龄时达到最大，约有 2mm，成年果蝇也仅有 2～3mm。新羽化的雌性成虫大约 8h 之后即可进行交配，交配之后大约 40h 开始产卵，第 4～5 天出现产卵高峰。

性成熟雌性果蝇生殖能力很强，产卵初期每天可达 50～70 枚，累计产卵可达上千枚。较短的生命周期及较强的繁殖能力使得在短时间内培养繁殖出大量特定种系的果蝇变得十分便利，使果蝇得以广泛应用于生物学研究，特别是系统发育学及遗传学等研究。

3.2　实验目的和要求

了解果蝇的生活史，识别雌雄果蝇，观察常见的几种突变型；利用果蝇性染色体上已知的基因进行三点测验，验证连锁遗传规律；练习基因定位和绘制连锁遗传图的方法。

3.3　实验材料

果蝇野生型品系：红眼、直刚毛、长翅、灰体（＋＋、＋＋、＋＋、＋＋）；

果蝇突变型品系：

(1)白眼、卷刚毛、小形翅（－－、－－、－－）；

(2)白眼、直刚毛、长翅、灰体（－－、＋＋、＋＋、＋＋）；

(3)红眼、直刚毛、残翅、灰体（＋＋、＋＋、－－、＋＋）；

(4)红眼、长翅、黑檀体（＋＋、＋＋、＋＋）。

3.4　实验用具和药品

实验用具：高压灭菌锅、恒温箱、体视显微镜、电子天平、电炉、烧杯、量筒、剪刀、药勺、毛笔、白纸、玻璃管、棉花塞、记号笔等。

药品：乙醚、玉米粉、蔗糖、酵母粉、丙酸、琼脂糖等。

3.5　实验方法和步骤

3.5.1　果蝇性状观察

(1)实验前先制作饲养果蝇用的培养基（见附录Ⅱ）并扩繁果蝇群体，使各果蝇品种的数量达到学生实验的要求。

(2)麻醉果蝇。取一干净的棉花塞，滴上 10 滴乙醚；然后取出饲养有果蝇的玻璃管，用手轻拍管壁，使果蝇振落在管子底部，迅速取下塞子，换上滴有乙醚的塞子，并马上将管子倒立，几秒钟后果蝇纷纷发生昏迷；用手轻拍管壁，使昏迷的果蝇都掉到棉花塞上，然后拔出棉花塞将昏迷的果蝇抖落到白纸上进行观察，并将原棉花塞塞回管子。如观察过程中发现果蝇开始苏醒，可在靠近果蝇处滴一滴乙醚，并盖上培养皿将其再度麻醉。

提醒：①果蝇不同个体对乙醚的敏感度不同。当管子倒立 5s 后，大部分果蝇在较高浓度的乙醚作用下便开始昏迷，但即使过 20s，仍会有个别果蝇在管内爬动。此时即可取下棉花塞将昏迷的果蝇抖落到白纸上，因为继续处理的话，昏迷较早的果蝇就可能发生死亡。②管子倒立后用手拍管壁的动作要轻，太重的话，管子顶部的玉米培养基容易振落而把果蝇全部压死。③判断昏迷果蝇的死活，主要看翅膀的状态：翅膀紧挨身体的，通常还是活的；翅膀与身体垂直的，就表明已经死亡。

(3)性状观察。先用肉眼观察各个果蝇品系的性别、眼色、体色、翅形等,再在显微镜下观察刚毛的形状。雄蝇个体一般小于雌蝇,腹端钝圆且有黑斑,而雌蝇腹端无黑斑,因此成虫果蝇的性别较易区别。红眼与白眼、黑檀体、灰体等性状特点明显,也易于识别。成虫果蝇的正常翅较长,超出腹端较多;小形翅比正常翅短,略微超出腹端;残翅则仅保留一点翅膀的残迹。显微镜下观察,果蝇头部、胸背、腹部都有刚毛,直刚毛较挺立,卷刚毛则卷曲或不规则。仔细了解这些性状的特征是进行果蝇杂交试验的基础。观察完毕后,把不需要的果蝇倒入盛有酒精的瓶(死蝇盛留器)中;准备继续饲养的果蝇则在苏醒前用毛笔移入横卧于桌上的培养瓶的瓶壁上,待其苏醒后再将培养瓶竖起。

提醒:一定要等所有果蝇苏醒后再将培养瓶竖起!否则昏迷的果蝇将掉到培养基上被培养基粘住而死亡。

3.5.2 果蝇伴性遗传

(1)亲本饲养:以红眼雌雄果蝇及白眼雌雄果蝇分别近亲交配,通过麻醉操作每管配3～5对,放在25℃恒温箱中饲养。

(2)收集处女蝇:7d后,将管中的所有亲本果蝇移出。注意观察,待管子中羽化出新的果蝇后,每隔6～8h麻醉后取出果蝇做雌雄鉴别,并分开单独饲养,收集备用。

(3)杂交:通过麻醉操作取红眼处女蝇和白眼雄蝇各5只,放入装有新培养基的管子中做正交组合;另取白眼处女蝇和红眼果蝇各5只放入装有新培养基的管子中做反交组合。用记号笔在管子上注明组合名称、杂交日期、实验者姓名后,放入25℃恒温箱中饲养。

(4)一星期后移去亲本(麻醉后放入死蝇盛留器中)。

(5)F_1代统计和F_2代配置:再过一星期后F_1幼虫先后化蛹羽化成蝇,轻度麻醉后观察记录F_1个体的性别和眼色。同时在每个组合F_1中取雌蝇和雄蝇各5只放入新管子中互交(也放在25℃恒温箱中饲养)。

(6)一星期后移去互交亲本(麻醉后放入死蝇盛留器中)。

(7)F_2代统计:约一星期后,待F_2成蝇达到较大的群体,再通过麻醉操作观察记录F_2个体的性别和眼色。实验结束后将所有F_2成蝇放入死蝇盛留器中。

3.6 实验作业

将观察结果填入表中,并用文字对结果进行简单描述。

反交组合	白眼、卷刚毛、小形翅 × 红眼、直刚毛、长翅					
	雌果蝇		雄果蝇		雌∶雄	白眼∶红眼
	红眼	白眼	红眼	白眼		
F_1						
F_2						

3.7 问题讨论

(1)摩尔根发现的白眼果蝇为什么可以断定是雄性的?

(2)如果在反交组合的F_1中出现白眼的雌果蝇,估计是由什么原因引起的?

3.8　实验记录和报告

3.8.1　学生班级______________姓名______________

3.8.2　指导教师姓名____________________________

3.8.3　实验日期________年________月________日

3.8.4　实验名称________________________________

3.8.5　原始记录

3.8.6 实验报告

将观察结果填入表中，并用文字对结果进行简单描述。测验你的结果与期望结果是否相符。

反交组合	白眼、卷刚毛、小形翅 × 红眼、直刚毛、长翅					
	雌果蝇		雄果蝇		雌∶雄	白眼∶红眼
	红眼	白眼	红眼	白眼		
F_1						
F_2						

实验 4　果蝇的基因定位

4.1　背景知识及实验原理

摩尔根的第一个突变果蝇发现后，另外的突变类型便接踵而至。在短短几个月内，他们又发现了四种眼色突变，例如果蝇中出现了粉红眼，这个性状的分离、组合与性别无关，也与白眼基因无关，显然粉红眼基因位于另外的染色体上，而不在性染色体上；朱砂眼果蝇的遗传特点与白眼果蝇完全一致，也是伴性遗传的，说明两个基因都位于 X 染色体上。

摩尔根的学生发现了一种突变性状——果蝇由野生的长翅（翅长突出身体腹部较多）突变为小翅（翅长比腹部略长），给摩尔根新创立的理论带来了挑战。这个突变基因是伴性遗传的，与白眼基因一样位于 X 染色体。但是当染色体配对时，这两个基因有时却并不像是连锁在一起的。例如，携带白眼基因与小翅基因的果蝇与野生果蝇杂交，根据连锁原理，产生的下一代应该只有两种类型，要么是白眼小翅的，要么是红眼正常翅的。但是摩尔根却发现，还出现了一些白眼正常翅和红眼小翅的类型。这就又需要解释了。

摩尔根提出，染色体上的基因连锁群并不像铁链一样牢靠，有时染色体也会发生断裂，甚至与另一条染色体互换部分基因。两个基因在染色体上的位置距离越远，它们之间出现断裂的可能性就越大，染色体交换基因的频率就越大。白眼基因与小翅基因虽然同在一条染色体上，但相互间有一定距离，因此当染色体彼此互换部分基因时，果蝇产生的后代中就会出现新的类型。

为了证明基因在染色体上是直线排列的，摩尔根的学生斯特蒂文特首先采用了“三点测交”的方法。“三点测交”就是通过一次杂交和一次测交，同时确定三对等位基因（即三个基因位点）的排列顺序和它们之间的遗传距离，主要过程是：用野生果蝇和三隐性个体杂交，获得三因子杂种（F_1），再使 F_1 与三隐性基因纯合体测交，通过对测交后代表现型及其数目的分析，分别计算三个连锁基因之间的交换值，从而确定这三个基因在同一染色体上的顺序和距离。三点测交实验的意义在于：(1)比两点测交方便、准确，一次三点测交相当于 3 次两点测交实验所获得的结果；(2)能获得双交换的资料；(3)证实了基因在染色体上是直线排列的。

综合大量实验结果，摩尔根和他的学生绘出了果蝇 4 对染色体的基因图：把每条染色体上的所有基因排成一条直线，交换率越小摆的位置越近。在根本无法直接看到基因的情况下，摩尔根竟然绘出了这样的基因图，人们不得不佩服他实验工作的前沿性和逻辑思维的严密性。由此他提出了染色体理论，认为染色体是遗传性状传递机制的物质基础，而基因是组成染色体的遗传单位，基因的突变会导致生物体遗传特性发生变化。1933 年，摩尔根由于他对遗传的染色体理论的贡献而被授予诺贝尔奖。1941 年，摩尔根以 75 岁高龄宣布退休，离开了实验室。1945 年底他因病去世。人们对他最好的纪念，也许要算将果蝇染色体图中基因之间的单位距离叫做“摩尔根”。他的名字作为基因研究的一个单位而长存于世。

4.2　实验目的和要求

利用果蝇性染色体上已知的基因进行三点测验，验证连锁遗传规律；练习基因定位和绘制连锁遗传图的方法。

4.3　实验材料

果蝇野生型品系：红眼、直刚毛、长翅（＋＋、＋＋、＋＋）；

果蝇突变（三隐性）型品系：白眼、卷刚毛、小形翅（－－、－－、－－）。

4.4　实验用具和药品

实验用具：高压灭菌锅、恒温箱、体视显微镜、电子天平、电炉、烧杯、量筒、剪刀、药勺、毛笔、白纸、玻璃管、玻璃管架、棉花塞、记号笔等。

药品：乙醚、玉米粉、蔗糖、酵母粉、丙酸、琼脂糖等。

4.5　实验方法和步骤

(1)亲本饲养：每组取 5 对三隐性雌雄果蝇放入培养管中进行近亲交配，将管子放入恒温箱中，让果蝇在 25℃温度下饲养。

(2)收集处女蝇：5～7d 后，将管子中的 5 对果蝇麻醉后移出。几天后，待管子中羽化出新的果蝇，再每隔 6～8h 用麻醉法取出果蝇做雌雄鉴别，并取雌果蝇单独饲养，收集处女蝇备用。

(3)杂交：每组取三隐性处女蝇和野生雄蝇各 5 只，放入新培养管中，并在 25℃恒温箱中进行杂交。用记号笔在管子上注明组合名称、杂交日期、实验者姓名。

(4)5～7d 后，移去亲本。

(5)测交：约一星期后管子中羽化出新的 F_1 代果蝇。取其中的 5 只雌蝇和 5 只雄蝇放入新的培养管并在 25℃恒温箱中进行测交。

(6)5～7d 后，移去 F_1 代亲本。

(7)测交后代统计：约一星期后，待测交 F_2 代成蝇达到较大的群体，再观察记录 F_2 个体的各种表现型的数量。

提醒：由于一个组的 F_2 个体数量可能较少，可以把几个组甚至全班的数量加在一起后，再计算三个基因的排序及基因间的距离。

4.6　实验作业(略)

4.7　问题讨论

(1)在做测交时，取 F_1 的雌蝇为什么可以不取处女蝇？

(2)在做果蝇的三点测交实验时，一般用三隐性果蝇做母本和野生雄蝇做父本配置组合。如果换用野生果蝇的处女蝇做母本和三隐性雄蝇做父本配置组合是否可行？为什么？

(3)为什么在测交 F_2 代中亲本型数量最多，双交换最少？

4.8　实验记录和报告

4.8.1　学生班级__________姓名__________

4.8.2　指导教师姓名________________

4.8.3　实验日期______年______月______日

4.8.4　实验名称________________

4.8.5　原始记录

4.8.6　实验报告

(1)将果蝇三点测验的实验结果填于下表：

测交 F_2 表型	基因型	本组数目	全班累计数目	交换类型
白眼卷刚毛小形翅	－－－/－－－			
红眼直刚毛长翅	＋＋＋/－－－			
红眼卷刚毛小形翅	＋－－/－－－			
白眼直刚毛长翅	－＋＋/－－－			
白眼卷刚毛长翅	－－＋/－－－			
红眼直刚毛小形翅	＋＋－/－－－			
白眼直刚毛小形翅	－＋－/－－－			
红眼卷刚毛长翅	＋－＋/－－－			

(2)控制眼色、刚毛形状、翅形这三个性状的基因为什么在同一条染色体上？它们的排序如何？

(3)计算各基因间的交换值，绘制连锁遗传图。

实验 5　植物染色体的核型分析

5.1　背景知识及实验原理

各物种染色体的形态、结构和数目是相对稳定的。核型分析就是研究一个物种细胞核内染色体的数目及各染色体的形态特征，如对染色体的长度、着丝点位置、臂比和随体有无等进行观察，从而描述和阐明该生物的染色体组成，为细胞遗传学、分类学和进化遗传学等研究提供实验依据。体细胞有丝分裂中期染色体具有较典型的特征且易于计数，因而核型分析大都以这一分裂时期进行观察。

“核型”一词首先由苏联学者 T. A. 列维茨基和 J. I. 杰洛涅等在 20 世纪 20 年代提出。由于要用分裂旺盛的分生组织做压片材料，而动物身上这样的材料只能从精巢或骨髓中获取，植物体上取材则相对容易，根尖、茎尖都能用，因此，开始时植物染色体的核型研究占了上风。1952 年，美国细胞学家徐道觉首先采用低渗处理技术使动物细胞内的染色体分散而便于观察，之后植物凝血素(PHA)刺激白细胞分裂的发现使以血培养方法观察动物与人的染色体成为可能，各种培养、制片、染色技术得到改进，使动物核型的研究在 50 年代中期超越植物核型的研究进入了蓬勃发展的新阶段。1956 年，瑞典细胞遗传学家庄有兴(J. H. Tijo)和 Levan 报告了人的染色体数 $2n=46$，而不是过去三十多年来一直认为的 $2n=48$。60 年代末由于动物染色体分带技术的发明更是提高了染色体鉴别的精度，使核型分析进入到能细致鉴别个体染色体结构变异的实用阶段。

植物细胞由于有细胞壁存在，因而在制片时需要进行解离，这在客观上增加了制片的难度(花粉母细胞的细胞壁少因而制片相对简单)。低渗处理技术在 70 年代末开始移植到植物中来，对细胞中染色体的散开有一定作用。但要得到一个好的制片，最主要的还是要保证处于正中期的细胞数量较多。这取决于三个方面的效果：一是种子的活力要好；二是种子发根条件要合适；三是预处理要适当。其中比较重要的是种子发根条件，既不能缺少水分，又不能水分太多，保证根能旺盛生长。

为了更精确地区分染色体，也可以取有丝分裂前中期或减数分裂粗线期的细胞相来做核型分析，因为这些时候的染色体相对较长，统计较准确。但也往往发生偏差(见表 5-1)，因为在体细胞分裂相中小的随体较易辨认，因此在测量随体染色体时通常不包含随体的长度；而在粗线期分裂相中随体很难辨认，在测量随体染色体长度时往往是包含随体在内的。即使在不同时期的粗线期，同一条染色体也会有不同的收缩速率，使核型分析出现偏差。

由于分析方法的不一致，得出的核型也就有差别，因此全世界采用统一的标准来做核型分析是必要的，否则就没有意义。历史上 Battaglia(1952)、Levan(1964)、Stebbins(1971)和 Hemkowitz(1977)都曾提出过一些核型分析的方法，但都没有成为权威的标准。1984 年中国召开了第一届全国植物染色体学术讨论会，讨论了植物染色体核型分析的标准化问题，达成了基本共识(具体方法见下文)。自此以后，我国的植物核型分析进入了一个蓬勃发展的时期。

表 5-1　不同研究者水稻核型分析结果中对应染色体相对长度的比较

染色体编号	前中期			粗线期					平均
	粳	籼	粳	粳	籼	籼	粳	籼	
1	15.2	13.81	13.6	12.9	13.62	13.58	13.95	13.95	13.83
2	12.2	11.12	10.9	12.0	11.68	10.82	10.95	11.23	11.36**
3	11.2	11.7	11.7	12.0	11.60	12.15	12.47	12.36	11.90**
4	9.6	9.16	9.1	9.6	8.93	8.80	8.98	8.47	9.08
5	7.6	8.71	7.9	8.4	8.30	8.06	8.30	7.14	8.18
6	7.6	7.91	8.3	8.3	7.77	7.59	7.86	7.79	7.89
7	7.0	7.26	7.6	7.0	7.23	7.19	7.35	7.37	7.25
8	6.5	6.51	6.6	6.3	6.65	6.70	6.86	7.04	6.65
9*	6.2*	6.69*	5.8*	5.8*	6.30*	6.82*	6.11*	6.04*	6.22**
10*	5.1	6.02*	5.8	5.2	5.70*	6.39*	5.18	5.36*	5.54**
11	6.2	5.79	6.6	6.8	6.07	6.21	6.31	6.45	6.30**
12	5.5	5.33	6.1	5.8	6.20	5.68	5.69	5.67	5.75**

*:随体染色体。**:不符合长度递减顺序的染色体

用人工进行核型分析是一件工作量比较大的事,它需要选几张理想的照片,把每条染色体一一剪下,进行分组、匹配,并按一定规则排列起来,贴在一张硬纸上。进入新世纪以来,电脑图像处理技术越来越先进,目前已实现计算机自动检测染色体分散良好的中期细胞,并自动完成核型分析。不过,作为本科阶段的初学者来说,先用手工的方法做一做核型分析还是有必要的,它能促使学生了解核型分析的原理,加深分析方法的印象,为将来对染色体的深入研究打下坚实的基础。

5.2　实验目的和要求

巩固染色体制片技术,观察分析植物细胞有丝分裂中期染色体的长短、臂比和随体等形态特征,学习染色体核型分析的方法。顺便鉴定上届学生染色体加倍试验的成功率。

5.3　实验材料

初次做用普通的二倍体西瓜种子,以后做用上届学生做西瓜染色体加倍实验后收获的西瓜种子。

5.4　实验用具和药品

实验用具:附数码摄影装置(CCD)的显微镜、附图像处理系统软件的电脑、种子发芽用具及染色体压片用具(见有关细胞有丝分裂实验)。

药品:同有关细胞有丝分裂实验。

5.5　实验方法和步骤

5.5.1　染色体标本玻片的制作

(1)种子萌发和取材:将西瓜种子小心嗑开,去除种皮,然后将种子放入70%酒精中消毒10min,用蒸馏水冲洗5次,再放入培养皿(2层滤纸+少量蒸馏水)中在25～28℃下发芽。待根长至1～2cm时切取(大约需要2～3d)。

(2)预处理:以下2种方法都可以:①幼根放在蒸馏水中,置于0～4℃冰箱内处理20h;②幼根用0.4%秋水仙碱溶液处理4h。

(3)固定:经过预处理的材料用新配制的卡诺氏固定液固定24h,然后换入70%酒精中,置冰箱内备用。

(4)解离:取已固定的根尖数条,用吸水纸快速吸掉酒精后放入加有1mol/L盐酸的指形管,在60℃恒温水浴锅中解离10min。

(5)染色和压片:从指形管中取出根尖,用吸水纸快速吸去上面的盐酸,将其置于载玻片上,用刀片切去根尖最前端0.5mm的根冠和伸长区,然后切取少于1mm的分生组织,去除其余根尖组织。滴一滴改良苯酚品红染色液在分生组织上,半分钟后盖上盖玻片,用手指按住盖玻片一角(手指下可先放一滤纸),再用解剖针在材料上面垂直敲打盖玻片,最后盖上滤纸用大拇指用力压片(不可使盖玻片移动!)。

(6)镜检和电脑保存图片:经镜检,发现有数目完整、重叠少、染色体特征明显的细胞,就在数码显微镜中进行图片保存和打印。

5.5.2　染色体照片的测量分析

(1)测量:依次测量染色体相对长度,长臂和短臂的长度和臂比(长臂/短臂)。

(2)配对:剪下每条染色体,根据随体有无及大小、臂比是否相等、染色体长度是否相等来配对。

(3)排列:染色体长的在前,具有随体的染色体排在最后(大随体在前,小随体在后)。

(4)剪贴:将上述已经排列的同源染色体按先后顺序粘贴在实验报告纸上。粘贴时,应使着丝点处于同一水平线上,并一律短臂在上,长臂在下。

(5)分类:依据下表:

臂比(长臂/短臂)	形态特征
1～1.7	m　中着丝粒染色体
1.71～3.0	sm　近中着丝粒染色体
3.01～7.0	st　近端着丝粒染色体
>7.01	t　端着丝粒染色体

(6)写出染色体核型公式。如蚕豆为$2n$=2m(SAT)+10t。

(7)按染色体的相对长度画出染色体核型模式图。

5.6　实验作业

按5-1或5-2图示完成西瓜的粘贴图、模式图,并写出核型公式。

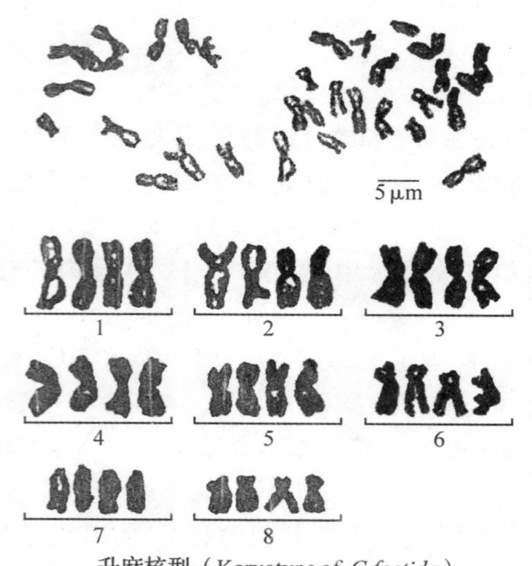

升麻核型（Karyotype of *C.foetida*）

升麻（*C.foetida*）染色体相对长度、臂比和类型

序号 Number	相对长度 Relative Length/% (S+L=T)			相对长度系数 Index of Relative Length	着丝粒指数 Centromere Index/%	臂比 Arm Ratio (Long/Short)	类型 Type
1	7.358	8.504	15.862	1.269	46.388	1.156	m
2	5.911	8.444	14.355	1.148	41.177	1.429	m
3	6.876	7.419	14.295	1.144	48.101	1.079	m
4	5.790	7.419	13.209	1.057	43.834	1.281	m
5	5.308	7.117	12.425	0.994	42.720	1.341	m
6	3.498	7.720	11.218	0.897	31.182	2.207	sm
7	0.663	9.469	10.132	0.811	6.544	14.282	t
8	2.292	6.212	8.504	0.680	26.952	2.710	sm

图 5-1 升麻核型

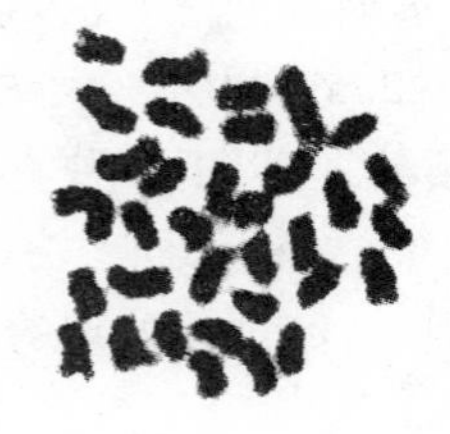

森林苹果核型

Karyotype of *Malus aylvestris*

图 5-2 森林苹果核型

5.7 问题讨论

(1)为什么经常会看到在某些物种的核型中染色体的序号排列同染色体的长度排列不一致?

(2)做核型分析时,全人工进行染色体的拍照、放大、测量、配对、排序、剪贴等工作很花时间和精力,能否在电脑上快速完成这些工作?

5.8　实验记录和报告

5.8.1　学生班级____________姓名____________

5.8.2　指导教师姓名________________________

5.8.3　实验日期_______年_______月_______日

5.8.4　实验名称____________________________

5.8.5　原始记录

5.8.6 实验报告

将西瓜的粘贴图、模式图粘贴在实验报告纸上，并写出核型公式。

实验6 植物染色体的结构变异和数量变异

6.1 背景知识及实验原理

6.1.1 染色体结构变异

染色体结构变异最早是在果蝇中发现的。人们在果蝇幼虫唾腺染色体上，对各种染色体结构变异进行了详细的遗传学研究。遗传学家在1917年发现染色体缺失，1919年发现染色体重复，1923年发现染色体易位，1926年发现染色体倒位。

染色体结构变异的发生是内因和外因共同作用的结果，外因有各种射线、化学药剂、温度的剧变等，内因有生物体内代谢过程的失调、衰老等。在这些因素的作用下，染色体可能发生断裂，断裂端具有愈合与重接的能力。当染色体在不同区段发生断裂后，在同一条染色体内或不同的染色体之间以不同的方式重接时，就会导致缺失、重复、倒位、易位等结构变异的出现。

(1)缺失。缺失是指染色体上某一区段及其带有的基因一起丢失，从而引起变异的现象。缺失的断片若系染色体臂的外端区段，则称顶端缺失；若系染色体臂的中间区段，则称中间缺失。缺失的纯合体可能引起致死或表型异常。在杂合体中若携有显性等位基因的染色体区段缺失，则隐性等位基因得以实现其表型效应，出现所谓假显性。在缺失杂合体中，由于缺失的染色体不能和它的正常同源染色体完全相应地配对，所以当同源染色体联会时，可以看到正常的一条染色体多出了一段(顶端缺失)，或者形成一个“突起”的结构(中间缺失)，这多出的部分正是缺失染色体上相应失去的部分。缺失引起的遗传效应随着缺失片段大小和细胞所处发育时期的不同而不同。在个体发育中，缺失发生得越早，影响越大；缺失的片段越大，对个体的影响也越严重。在人类遗传中，染色体缺失常会引起较严重的遗传性疾病，如猫叫综合征等。缺失可用于基因定位。

(2)重复。染色体上增加了相同的某个区段而引起变异的现象，叫做重复。在重复杂合体中，当同源染色体联会时，发生重复的染色体的重复区段形成一个“突起”结构，或者比正常染色体多出一段。因为没有基因丢失，重复引起的遗传效应比缺失小。但是如果重复的部分太大或次数太多，也会影响个体的生活力，甚至引起个体死亡。重复的位置不同，可能改变个体的表现型，存在“位置效应”。例如，果蝇X染色体特定区段重复的次数或位置不同，其棒眼的数量也不同。重复对生物的进化有重要作用。这是因为重复的基因可能向多个方向突变，而不至于损害细胞和个体的正常功能。突变的最终结果，有可能使重复基因成为一个能执行新功能的新基因，从而为生物适应新环境提供机会。因此，在遗传学上往往把重复看作是新基因的一个重要来源。

(3)倒位。倒位指某染色体的内部区段发生180°的倒转而使该区段的原来基因顺序发生颠倒的现象。倒位区段只涉及染色体的一个臂，称为臂内倒位；涉及包括着丝粒在内的两个臂，称为臂间倒位。倒位的遗传效应首先是改变了倒位区段内外基因的连锁关系，还可使基因的正常表达因位置改变而有所变化。倒位杂合体联会时可形成特征性的倒位环，导致形成的配子大多是异常的，从而影响了个体的育性，并降低连锁基因的重组率。倒位纯合体通常也不能和原种个体间进行有性生殖，但是这样形成的生殖隔离，为新物种的进化提供了有利条件。例如，普通果蝇的第 3 号染色体上有三个基因按猩红眼—桃色眼—三角翅脉的顺序排列(St—P—Dl)；同是这三个基因，在另一种果蝇中的顺序是 St—Dl—P，仅仅这一倒位的差异便构成了两个物种之间的差别。

(4)易位。易位是指一条染色体的某一片段移接到另一条非同源染色体上，从而引起变异的现象。如果两条非同源染色体之间相互交换片段，叫做相互易位，这种易位比较常见。相互易位的遗传效应主要是产生部分异常的配子，使配子的育性降低或产生有遗传病的后代。易位杂合体在减数分裂偶线期和粗线期，可出现典型的“十”字形构型；易位杂合体在终变期或中期，则发展为环形、链形或“∞”字形的构型。易位的直接后果是使原有的连锁群改变。易位杂合体所产生的部分配子含有重复或缺失的染色体，从而导致部分不育或半不育。例如，慢性粒细胞白血病就是由人的第 22 号染色体和第 14 号染色体易位造成的。易位在生物进化中具有重要作用。例如，在 17 个科的 29 个属的种子植物中，都有易位产生的变异类型，直果曼陀罗的近 100 个变种，就是不同染色体易位的结果。

6.1.2 染色体数量变异

染色体数量变异的研究从时间上看与染色体结构变异的研究是同步的。1920 年左右，木原均(Kihara Hitoshi，1893—1986)通过小麦属的种间杂交和小麦与其近缘的山羊草属杂交的研究，最先提出染色体组分析，并创用同源多倍体和异源多倍体两个术语，以区分多倍体中染色体组的不同来源。他发现杂种的小麦花粉母细胞减数分裂时染色体配对的表现不同，从而不仅明确了不同染色体数的一粒系小麦($2n=14$)、二粒系小麦($2n=28$)和普通小麦($2n=42$)为三个倍数性的组群，而且证明了它们分别具有不同的染色体组。他论证了普通小麦起源于二粒小麦与山羊草杂交后染色体的自然加倍。

(1)整倍性变异。整倍性变异指以一定染色体数为一套的染色体组呈整倍增减的变异。一倍体只有 1 个染色体组，一般以 X 表示。二倍体具有 2 个染色体组。具有 3 个或 3 个以上染色体组者统称多倍体，如三倍体、四倍体、五倍体、六倍体等。一般奇数多倍体由于减数分裂不正常而导致严重不孕。如果增加的染色体组来自同一物种，则称同源多倍体。如直接使某二倍体物种的染色体数加倍，所产生的四倍体就是同源四倍体。荷兰学者 H. 德·弗里斯在 1886—1904 年间所发现的巨型月见草后来经鉴定是同源四倍体。天然的同源多倍体物种不但在动物中极为罕见，而且在植物界中也不多见。若使不同种、属间杂种的染色体数加倍，则所形成的多倍体称为异源多倍体。异源多倍体系列在植物中相当普遍，据统计约有 30％～35％的被子植物存在多倍体系列，而禾本科植物中的异源多倍体则高达 75％。栽培植物中有许多是天然的异源多倍体，如普通小麦为异源六倍体，陆地棉和普通烟草为异源四倍体。多倍体亦可人工诱发，秋水仙碱处理就是诱发多倍体的最有效措施。

(2)非整倍性变异。生物体的 $2n$ 染色体数增或减一个乃至几个染色体或染色体臂的现象。出现这种现象的生物体称非整倍体。其中涉及完整染色体的非整倍体称初级非整倍体；涉及染色体臂的非整倍体称次级非整倍体。在初级非整倍体中，丢失 1 对同源染色体的生物体，称为缺体($2n-2$)；丢失同源染色体对中 1 条染色体的生物体称为单体($2n-1$)；增加同源染色体对中 1 条染色体的生物体称为三体($2n+1$)；增加 1 对同源染色体的生物体称为四体($2n+2$)。在次级非整倍体中，丢失了 1 个臂的染色体称为端体。某生物体如果有 1 对同源染色体均系端体者称为双端体，如果1对同源染色体中只有1条为端体者称为单端体。某染色体丢失了1个臂，另1个臂复制为2个同源臂的染色体，称为等臂染色体。具有该等臂染色体的生物体，称为等臂体。等臂体亦有单等臂体与双等臂体之分。由于任何物种的体细胞均有 n 对染色体，因此各物种都可能有 n 个不同的缺体、单体、三体和四体，以及 $2n$ 个不同的端体和等臂体。例如普通小麦的 $n=21$，因此它的缺体、单体、三体和四体各有21种，而端体和等臂体则可能有42种。染色体数的非整倍性变异可引起生物体的遗传不平衡和减数分裂异常，从而造成活力与育性的下降。但生物体对染色体增加的忍受能力一般要大于对染色体丢失的忍受能力。因1条染色体的增减所造成的不良影响一般也小于1条以上染色体的增减。非整倍性系列对进行基因的染色体定位、确定亲缘染色体组各成员间的部分同源关系等，均具有理论意义。此外，利用非整倍体系列向栽培植物导入有益的外源染色体和基因亦有重要的应用价值。如小麦品种小偃759就是普通小麦增加了1对长穗偃麦草染色体的异附加系，而兰粒小麦则为普通小麦染色体4D被长穗偃麦草染色体4E所代换的异代换系。

本实验所采用的材料主要来自小麦属与山羊草属的杂种后代。用偏凸山羊草（*Ae. Ventricosa*，DDM^VM^V，$2n=28$）与硬粒小麦（*T. durum*，AABB，$2n=28$）杂交，得到的杂种 F_1（$ABDM^V$，$2n=28$）是单倍体；对其做花粉母细胞观察，在第一次减数分裂中期和后期可以看到28个单价体，基本看不到同源染色体的配对。按理说，这样的杂种 F_1 是完全不育的，但实际上却在一个 F_1 植株上收到了1粒种子，由这粒种子长出的 F_2 植株经检查其染色体数是 $2n=56$。这说明杂种 F_1 的花粉母细胞和卵母细胞在减数分裂时形成了不减数的配子，而 F_2 植株实际上是一个双二倍体（$AABBDDM^VM^V$，$2n=56$）。但这个双二倍体并不能稳定遗传，在其 F_3～F_8 分离后代中衍生出大量的非整倍体（$2n=49$～55）。本实验所用材料大部分是取自这些材料的幼穗所做成的减数分裂的永久制片。

6.2　实验目的和要求

了解染色体结构和数量变异的类型，观察各变异类型的细胞学特征，加深对各种变异类型的遗传效应的理解，巩固所学知识；同时了解染色体研究的方法与技术。

6.3　实验材料

植物染色体结构和数量变异的幻灯片；

玉米（*Zea mays*，$2n=20$）第9染色体臂间倒位、第8与第10染色体相互易位（T_{8-10}）杂合体植株的雄穗；

经^{60}Co γ 射线处理的大麦（*Hordeum vulgare*，$2n=14$）、蚕豆（*Vicia faba*，$2n=12$）等植物的种子；

小麦与山羊草杂种及其后代的花粉母细胞减数分裂永久制片。

6.4　实验用具和药品

实验用具：电脑投影仪、普通显微镜、水浴锅、培养皿、载玻片、盖玻片、镊子、解剖针、刀片、温度计、纱布、吸水纸。

实验药品：无水酒精、70%酒精、冰醋酸、45%醋酸、1mol/L 盐酸、改良苯酚品红染色液。

6.5　实验方法和步骤

(1)观看幻灯片，了解染色体各种结构变异的细胞学特征和数量变异的类型。

(2)做玉米花粉母细胞的减数分裂压片(方法见实验 2)，取粗线期制片观察玉米第 9 染色体臂间倒位杂合体所形成的倒位圈及第 8 和第 10 染色体易位后所形成的“十”字形交叉；取终变期制片观察由两对染色体相互易位所组成的四价体小环及由 3 对染色体易位所形成的六价体大环。

(3)用经^{60}Co γ 射线处理过的大麦、蚕豆种子做根尖细胞有丝分裂制片(方法见实验 1)，观察后期染色体桥、断片和间期的微核。

(4)观察小麦远缘杂交后代减数分裂永久制片：①杂种 F_1 是单倍体，花粉母细胞中只有 28 个单价体，减数分裂时二次分裂不明显或只表现为第二次分裂。减数分裂中期所有单价体不能整齐地排列在赤道板上，而是随机地散布在赤道板周围；减数分裂后期各个单价体随机向各个方向移动，形成四分体或多分体。②杂种 F_2～F_8 是非整倍体，减数分裂过程正常，但第一次分裂中期可观察到单价体和多价体，第一次分裂后期可观察到染色体的落后，偶尔可看到染色体“桥”；第一次分裂末期和四分体期可看到由落后染色体形成的数量不一的微核。通过仔细计数，可明确各个杂种世代的染色体数。

6.6　实验作业

(1)染色体的结构和数量变异在生物领域中有何重要意义？

(2)你所观察的永久制片中有何细胞学特征(指染色体数、染色体配对行为、有无单体或多价体、有无桥或落后染色体产生、有无多分体或微核产生等)？

6.7　问题讨论

(1)偏凸山羊草与硬粒小麦的杂种 F_1 花粉母细胞的减数分裂中看不到二价体的存在，因此 F_1 植株应该是不育的，为什么还会有后代产生呢？

(2)不减数配子是如何形成的？杂种 F_1 的结实率有多高？

6.8　实验记录和报告

6.8.1　学生班级______________姓名______________

6.8.2　指导教师姓名______________________________

6.8.3　实验日期________年________月________日

6.8.4　实验名称______________________________

6.8.5　原始记录

6.8.6　实验报告

(1)染色体的结构和数目变异在生物领域中有何重要意义？

(2)你所观察的永久制片中有何细胞学特征(指染色体数、染色体配对行为、有无单体或多价体、有无桥或落后染色体产生、有无多分体或微核产生等)？

玻片号	终变期	中期Ⅰ	后期Ⅰ	染色体数	单价体	二价体	多价体	染色体桥	落后染色体	多分体	微核	是否为整倍体

实验 7 植物染色体的显带技术

7.1 背景知识及实验原理

在细胞周期中，间期、早期或中、晚期，某些染色体或染色体的某些部分的固缩常较其他的染色质早些或晚些，其染色较深或较浅，具有这种固缩特性的染色体称为异染色质(heterochromatin)。异染色质具有强嗜碱性，染色深，染色质丝包装折叠紧密，与常染色质相比，是转录不活跃部分，多在晚 S 期复制。

异染色质分为结构异染色质和功能异染色质两种类型。结构异染色质是指各类细胞在整个细胞周期内处于凝集状态的染色质，多定位于着丝粒区、端粒区，含有大量高度重复顺序的脱氧核糖核酸(DNA)，称为卫星 DNA(satellite DNA)，它们可以隔离和保护重要基因(例如 NOR 区的 18S 和 28S 基因)，防止或减少基因突变和交换。功能异染色质只在一定细胞类型或在生物一定发育阶段凝集，如雌性哺乳动物含一对 X 染色体，其中一条始终是常染色质，但另一条在胚胎发育的第 16～18 天变为凝集状态的异染色质，该条凝集的 X 染色体在间期形成染色深的颗粒，称为巴氏小体(Barr body)。

染色体的显带技术就是根据异染色质的固缩特性，将未染色的中期染色体片经过一定的预处理，再用不同的方法染色，使染色体上出现明显而稳定的染色条带。染色体的显带技术分为两大类：一类为整条染色体的显带技术，如 Q 带和 G 带；另一类为染色体局部的显带技术，如 C 带。

1968 年，瑞典学者卡斯珀松(T. O. Caspersson，1910—)首次应用荧光染料氮芥喹叶因处理染色体标本，发现染色体因着色不同能够沿其纵轴显示出宽窄和亮度不同的荧光带。这种明暗相间的带纹被称为 Q 带。Q 带受制片过程和热处理的影响较小，制片效果较好，带型鲜明。但是，由于荧光持续存在的时间很短，必须立即进行显微摄影。另外，必须有荧光显微镜才能进行观察，所以不能为一般实验室所采用。后来，Pardue 和 Gall(1970)发现染色体标本如果先经过盐、碱、热、胰酶或蛋白酶、尿素及去垢剂等的处理，再用 Giemsa 染液染色，也能使染色体沿其纵轴显示出深浅相间的带纹，这个带纹称为 G 带。G 带在各条染色体上显出的带型和 Q 带带型基本相同。由于 G 带染色没有 Q 带的缺点，在普通显微镜下就可以进行观察，所以为一般实验室普遍采用。利用 Q 带、G 带等显带技术，可以显示出人类每一条染色体的特异带型，这为识别和分析每条染色体提供了必要的条件。但在植物中 G 带技术尚不成熟，不少植物中难以显示 G 带或者结果很不稳定。

在植物染色体显带上最常用的是 C 带技术，由 M. L. 帕多等于 1970 年建立，主要用以显示染色体中的组成型异染区，如着丝粒带。C 带的形成认为是高度重复序列的 DNA(异染色质)经酸碱变性和复性处理后，易于复性，而低重复序列和单一序列 DNA(常染色质)不复性，经 Giemsa 染色后呈现深浅不同的染色反应。这种差异反映染色体结构的差异。

R 带(R-Bands)是和 G 带相反(reverse)的带，即 G 带的深染区正是 R 带的浅染区，G 带的浅染区又正是 R 带的深染区。R 带也就是反带的意思。这种方法是由 Dutrillaux 和

Lejeune(1971 年)建立的。方法是将中期未染色的片子放在 pH4～4.5、温度为 88℃的 1mmol/L NaH_2PO_4 溶液中温育，然后再染色即可染成 R 带。

T 带又称端粒带，是染色体的端粒部位经吖啶橙染色后所呈现的区带，典型的 T 带呈绿色，由 B. 迪特里约 1973 年首先报道。

染色体银染法系用硝酸银($AgNO_3$)使染色体上的核仁形成区部位呈现黑色的一种特殊染色法。

1975 年以来，美国细胞遗传学家 J. J. 尤尼斯等又建立了高分辨显带法，方法是先用氨甲蝶呤使细胞分裂同步化，然后用秋水酰胺进行短时间的处理，使出现大量晚前期和早中期的分裂相。在这样处理过的人的早中期细胞的染色体组中可以看到 555～842 条带。在晚前期细胞中可以看到 843～1256 条带，而以往在中期染色体上只能观察到 320～554 条带。

后来又用放线菌素 D 作用于 DNA 合成后期(G_2 期)的细胞以阻碍染色体浓缩时特殊蛋白质与染色体的结合，从而使染色体更为细长，使所显示的带纹多达 5000 条。这样就可以更精确地观察染色体上各种变异，甚至在各种生物的正常个体细胞中也可以看到染色体上各种区带的宽窄、位置等存在着一些变化，这些变化称带的多态现象。

分带技术在生物染色体核型分析中非常有用，下面我们以一个关于大熊猫分类起源的问题为例来说明分带技术的应用。大熊猫(Ailuro poda melanoleuca)是我国特产的珍稀动物，从 1869 年到 20 世纪 80 年代末，生物学家对于大熊猫的分类和起源一直存在着争论。大熊猫的样子看起来像熊，但很多特征又不像熊，和小熊猫相似都是食草动物，且不需冬眠。它特殊之处是有相对拇指，它的叫声既不是嗥叫，也不是像羊一样发出"咩咩"的叫声。其染色体核型在数量上(22 对)、排列上与熊的染色体(37 对)相比要更类似于小熊猫的染色体(22 对)，而且熊属中熊的 37 对染色体都属于端着丝粒，而大熊猫的 22 对染色体其中多数是非端着丝粒，似乎很明确地表明熊和熊猫不属于同一科。这些事实使生物学家们感到困惑不解。

但进一步做 G 分带染色(图 7-1)的结果使人豁然开朗，原来 6 种熊的带型实际上和大熊猫染色体带型是非常相似的，熊猫的中央着丝粒染色体(1,2,3)分别与熊的 2,3;1,9 和 6,16 染色体的带型相同。这意味着大熊猫可能由熊科的祖先染色体长臂易位融合进化而来的，也就是说大熊猫起源于熊科，和小熊猫的亲缘关系要远于棕熊。现已在熊科下面单列一个新的大熊猫亚科，这个结果又得到了分子进化方面的许多证据，从而终于解决了一百多年来悬而未决的问题。

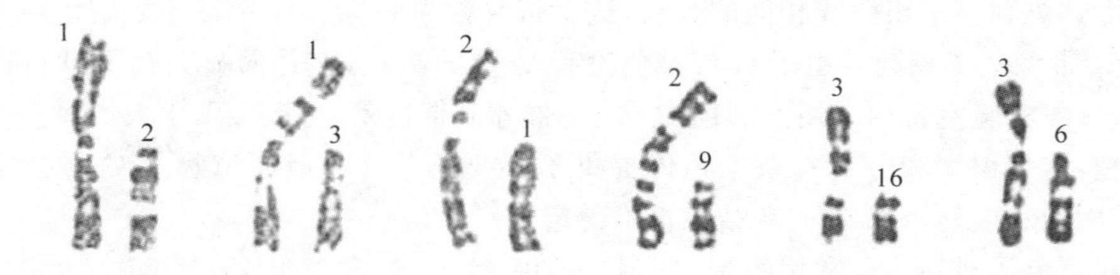

图 7-1　熊猫的中央着丝粒染色体(1,2,3)分别与熊的 2,3;1,9 和 6,16 染色体的带型相同

本次试验主要做植物染色体的 C 分带。由于其主要显示着丝粒附近的异染色质(constitutive heterochromatin)，故称为 C 带。它是染色体经酸(HCl)、碱[$Ba(OH)_2$]和缓冲盐溶液(2×SSC)处理后，再以 Giemsa 染液染色而显示的带型，包括染色体 C 带结构特征、C 带位置、染色强度、异染色质含量等(图 7-2)。

作为细胞分类学指标，染色体C带核型可以从不同层次上反映其生物类群间的分类关系。染色体C带在同一属内有一明显而恒定的C带结构模式，往往构成"标志性C带带纹"，由此可以进行属级分类单元的比较。

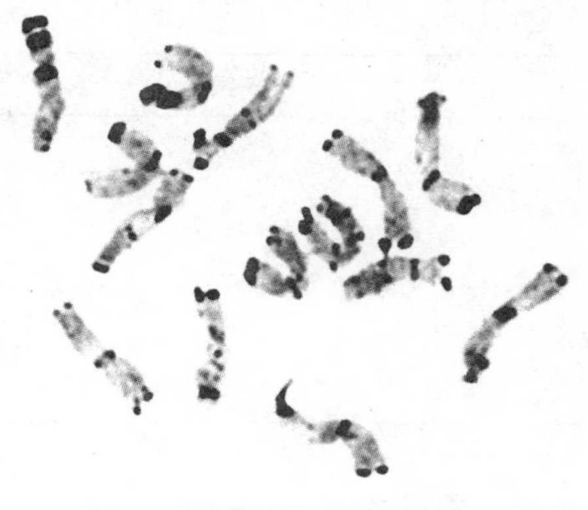

图 7-2　黑麦染色体C分带

7.2　实验目的和要求

(1)了解染色体带型分析的有关概念。

(2)了解染色体C带显色技术。

(3)学会植物染色体C带分析方法。

7.3　实验材料

四倍体硬粒小麦根尖。

7.4　实验用具和药品

培养箱、恒温水浴锅、电子天平、量筒(50ml、100ml、1000ml、10ml)、烧杯(200ml)、容量瓶(1000ml)、棕色试剂瓶(200ml)、滴瓶、染色缸、载玻片、盖玻片、显微镜、剪刀、镊子、刀片、滤纸、玻璃板、牙签、切片盒。

Giemsa母液、磷酸缓冲液、氯化钠、柠檬酸钠、甲醇、乙醇、冰醋酸、氢氧化钡、秋水仙碱、45%醋酸等。

Giemsa母液配制方法：称取0.5g吉姆萨粉剂，量取33ml甘油、33ml甲醇，先用少量甘油将吉姆萨粉末在研钵中充分研磨至无颗粒，再用剩余甘油分次冲洗至棕色瓶，置于56℃温箱内保温2h，加入甲醇，过滤后保存于棕色瓶中。

2.5% $Ba(OH)_2$溶液：称取5g $Ba(OH)_2$，加入煮沸的100ml蒸馏水中，溶解后过滤，冷却到18～28℃即可。

2×SSC：(0.3mol/L NaCl＋0.03mol/L $Na_3C_6H_5O_7$)溶液：称取17.53g NaCl和8.82g $Na_3C_6H_5O_7 \cdot H_2O$，加蒸馏水定容至1000ml。

1mol/L NaH_2PO_4溶液：称取13.8g $NaH_2PO_4 \cdot H_2O$，加蒸溜水定容至100ml。

1%纤维素酶和果胶酶混合液：称取1g纤维素酶和1g果胶酶，溶于100ml蒸馏水中。

Sörensen磷酸缓冲液：

A液(1/15mol/L KH_2PO_4)：称取9.07g KH_2PO_4，加蒸馏水定容至1000ml。

B液(1/15mol/L Na_2HPO_4)：称取26.02g $Na_2HPO_4 \cdot 12H_2O$，加蒸馏水定容至1000ml。

不同pH值Sörensen磷酸缓冲液的配制方法见表7-1。

表 7-1 不同 pH 值 Sörensen 磷酸缓冲液的配制

pH 值	A 液(ml)	B 液(ml)	pH 值	A 液(ml)	B 液(ml)
6.5	68.7	31.3	7.0	38.8	61.2
6.6	62.8	37.2	7.1	33.0	67.0
6.7	57.0	43.0	7.2	27.4	72.6
6.8	51.0	49.0	7.3	22.4	77.6
6.9	44.8	55.2	7.4	18.2	81.8

7.5 实验方法和步骤

7.5.1 染色体标本制备

染色体标本制备方法采用常规压片法。

(1)取材和预处理:取材和预处理的操作方法与常规压片技术相似,但要比常规制片严格。预处理药物对 C 带无影响,可选用任一种药品,但要注意染色体的缩短程度要适宜,若太短,则会使一些邻近的带纹融合;若染色体缩短不够,则会造成染色体不易分散,带纹难以辨认。总之,要求材料生长状况良好,中期分裂相多,预处理适宜。

(2)固定:利用新配制的乙醇-冰醋酸(乙醇∶冰醋酸=3∶1)固定液固定 2~24h,使染色体充分凝固和硬化以避免以后的盐、酸解离对染色体造成破坏。若用去壁低渗法,在 3~10℃下用甲醇-冰醋酸固定 30~60min。分带的材料要求新鲜。因此,固定后的材料最好及时制片、分带,若需要保存,可及时转入 95%乙醇中低温保存,但保存时间仍不宜太长,否则对分带不利。

(3)解离:在分带技术中,解离条件不同,对以后染色体的显带有直接影响。材料不同解离条件也不同,注意如选用酶解法,需要将固定材料用蒸馏水洗 30min 后解离。

(4)压片:要求所用的载片、盖片十分洁净,以防止在以后的高温、流水冲洗等一系列处理中脱落。用显微镜观察时需要把聚光器下降或缩小光圈,使视野稍暗以加大染色体反差,便于识别染色体。

(5)揭片和空气干燥:通过镜检选出分裂相多而染色体又分散完整的制片,用液氮冷冻后,将盖片揭开。通常脱水后的片子不能很好地显带,需要放置一段时间后才能显带,这一过程称为“成熟”。洋葱对干燥时间要求较严,干燥 24h 后可显示端带,干燥 15d 可同时显示端带、中间带、着丝粒带,干燥半年后则整个染色体模糊。不同的材料,用不同的显带方法所需空气干燥的时间也不同,小麦通常在 15~24d。

7.5.2 分带处理

分带处理通常采用 BSG 法($Ba(OH)_2$-2×SSC-Giemsa 法),具体操作如下所述:

将干燥后的染色体标本片子放入装有新配 5% $Ba(OH)_2$水溶液的染色缸中于室温下处理 5~10min(蚕豆 5min,大麦 60~80min),然后将染色缸连同制片移至水龙头下放水将染色缸内 $Ba(OH)_2$溶液全部冲洗干净,1~2 min 后制片换入蒸馏水中静置,每隔 4~5min 换水 1 次,共 5~6 次约 30min,以保证制片不受污染。冲洗干净之后,最好再把制片放在 37℃恒温箱中干燥 30min。干燥后的制片放入 60℃的 2×SSC(pH7.0)中处理 1~2h,然后换入 60℃

的蒸馏水洗 10～30min，室温下干燥 1h 后用新配制的 5%～10%Giemsa 染色 10min 左右。染色完的片子经蒸馏水冲洗、空气干燥后用中性树胶封片。Giemsa 染色的片子可以长期保持不褪色。

7.6 实验作业

将实验做的四倍体小麦分带的染色体图以你的中文名保存在电脑中。

7.7 问题讨论

(1)BSG 法为什么都用饱和的 $Ba(OH)_2$ 水溶液？能用 NaOH、KOH 等代替吗？

(2)制好的压片为什么一定要经过较长时间的干燥才能显带？

(3)为什么仅在染色体的少数部位能够显带？

7.8 实验记录和报告

7.8.1 学生班级______________**姓名**______________

7.8.2 指导教师姓名____________________________

7.8.3 实验日期________**年**________**月**________**日**

7.8.4 实验名称______________________________

7.8.5 原始记录

7.8.6　实验报告

将你的C带图片粘贴在实验报告上，并用文字描述C带带型。

实验 8　四倍体西瓜的诱导和鉴定

8.1　背景知识及实验原理

据统计，自然界大约有 30％～35％的被子植物，其中 70％的禾本科植物属于多倍体，它们在植物进化中起了重要的作用。由于许多重要作物均是多倍体，因而育种学家自 20 世纪 30 年代开始就热衷于多倍体诱导育种的研究。随着对多倍体产生途径、特征、特性及鉴定方法等方面更为深入的研究，使多倍体诱导育种在育种领域显示出日益广阔的应用和发展前景。

自然界的多倍体在无性和有性阶段均可产生，无性阶段是体细胞分裂过程中偶然发生染色体加倍而造成，而有性阶段则是由于小孢子母细胞或大孢子母细胞在减数分裂过程中不减数产生了 $2n$ 配子。因此，人为地诱导体细胞不分裂和性细胞不减数是产生多倍体的有效途径。

无性阶段的诱导可分为物理和化学诱导。最早的物理诱导方式是在番茄上通过打顶而实现，后来人们利用高温或低温处理授粉后的幼胚，以及采用射线、中子、激光等辐照也实现了染色体的加倍。但这些方法由于效率低等缺陷而未能普及，化学药品中的秋水仙碱则克服了前述各种方法的缺陷，受到大多数育种学家的青睐。

秋水仙碱最初从百合科植物秋水仙中提取出来，也称秋水仙碱，分子式 $C_{22}H_{25}O_6N$。纯秋水仙碱呈黄色针状结晶，熔点 157℃。易溶于水、乙醇和氯仿。味苦，有毒。

秋水仙碱的作用机理是：当细胞进行分裂时，一方面能使染色体的着丝点延迟分裂，于是已复制的染色体两条单体分离，而着丝点仍连在一起，形成“X”形染色体图像；另一方面是引起分裂中期的纺锤丝断裂，或抑制纺锤体的形成，结果到分裂后期染色体不能移向两极，而重组成一个双倍性的细胞核。这时候，细胞加大而不分裂，或者分裂成一个无细胞核的子细胞和一个有双倍性细胞核的子细胞。经过一个时期以后，这种染色体数目加倍了的细胞再分裂增长时，就构成了双倍性的细胞和组织。

自 1937 年美国学者布莱克斯利（A. F. Blakeslee）等用秋水仙碱加倍曼陀罗等植物的染色体数获得成功以后，秋水仙碱就被广泛应用于细胞学、遗传学的研究和植物育种的工作中。例如，小麦与黑麦杂交，杂种是不育的，用秋水仙碱处理，使染色体加倍，就能变成可育的异源八倍体小黑麦，在云贵高寒地区种植，产量和品质都比小麦和黑麦好。

50 年代日本用秋水仙碱处理一般甜菜得到了四倍体，后者与二倍体品种相间种植，从四倍体植株上收获的种子约有 75％是三倍体。到 60 年代初，在西欧，三倍体甜菜几乎完全代替了原来的二倍体品种，获得了很大的经济效益。日本广泛种植的一个茶树抗寒品种和一个桑树抗寒品种都是三倍体，最好的两个除虫菊品种也是天然的三倍体。

美国约有四分之一的苹果品种是三倍体。瑞典的林木育种家发现生长速度比普通白杨几乎快一倍的三倍体白杨。无籽的香蕉是天然的三倍体。日本植物遗传学家木原均首先运用三倍体不育的特点，在 1951 年培育成功三倍体无籽西瓜。

秋水仙碱诱导植物无性阶段产生多倍体，普遍采用浸种和滴涂生长点的方法。早在 1939 年约翰斯通就曾用 0.15％和 0.5％的秋水仙碱浸泡马铃薯种子得到少量加倍植株，有效诱导率仅为0.1%～1%。郭清泉等(1997)在研究莲时指出:莲种子长期浸泡易烂种;用注射器注秋水仙碱入莲胚的方法由于难以找到生长点,针头刺伤胚易造成霉烂;点滴法则由于药液易滑落难于浸入生长点等造成多倍体诱导率低;而用溶有秋水仙碱的琼脂凝胶包埋胚芽,可使其诱导频率达46%,这是解决诱导频率低的一个重大突破。

但是,人们在研究中发现,这种在整体水平上染色体加倍的诱导,受环境干扰大,易产生嵌合体,并可能发生回复突变。

随着组织培养技术的发展,很多物种通过组培再生植株已经不存在障碍,这使秋水仙碱在离体组织水平上诱导单个细胞内染色体加倍成为可能。离体组织细胞染色体加倍也因其容易控制实验条件和重复试验结果,提高工作效率,减少嵌合体等三大优势而逐渐受到重视。

在染色体加倍实验中,离体材料一般是愈伤组织、胚状体、茎尖组织,也有用子房、原生质体做材料的报道。处理时,一些学者认为低浓度、长时间较好;但另外一些学者则倾向于高浓度与短时间的组合。国内王长泉等(1997)利用0.5%秋水仙碱处理苹果离体叶4d,有效诱变频率达56.1%,为目前报道的最高诱导频率。

有性阶段诱导产生的 $2n$ 配子包括未减数的雄配子和雌配子。据哈伦(J. R. Harlan)等(1975)的不完全统计,已在85个属植物中发现过 $2n$ 配子,他们回顾整个植物界 $2n$ 配子的发生情况,得出了有性多倍化是自然界多倍体形成的主要路线的结论。

$2n$ 配子可通过物理、化学及改变生长发育条件等方式干扰减数分裂而形成。目前,利用射线、高温、低温、变温处理及反昼夜生长、干旱处理等诱导 $2n$ 花粉已有成功的报道。化学诱导则以 *N*-亚硝基-*N*-二甲脲和秋水仙碱效果最好,桑福德(J. C. Sanford,1983)用前者将甜樱桃 $2n$ 花粉比率由自然状态下的3%～5%提高到15%～25%;用秋水仙碱处理甜樱桃枝则获得了55%的未减数花粉。育种学家也已经利用 $2n$ 配子育成了优良的多倍体品种。

巨大性是多倍体最为显著的外部形态特征。早在20世纪30年代,国外已报道了同源四倍体醋粟番茄的根、茎、叶、气孔保卫细胞以及花器、果实和种子都较二倍体大。多倍体的巨大性主要不是以叶面积大小,而是以形变来显示。另外,多倍体生长迟缓,分枝能力弱,分枝数少,生育期迟,其产量增加是由叶数增多、叶片变厚所致。

伴随多倍体的巨大性,其营养成分的含量也显著提高。莴苣四倍体的维生素C含量比二倍体高50%(特拉兴科,1984);四倍体莳菜氨基酸含量比二倍体高9.35%,叶绿素含量高1.2～2倍,且适应性强,抗逆性好(张建军,1998)。

在细胞学水平上,多倍体花粉粒大、萌发孔数目多,花粉粒形状变化明显,这在枇杷(余小玲,1989)和高粱(Tsveto Va,1995)中有充分的体现。杨瑞芳等(1998)研究莲多倍体时还发现,莲的花粉母细胞在减数分裂过程中,有环状染色体、染色体落后、减数分裂不同步及双核仁等现象的发生。

一批二倍体材料经处理后,一些材料的染色体加倍成为多倍体,一些未能加倍依然为二倍体,还有一些为混倍体。因此,准确地辨认多倍体并将其挑选出来,也是多倍体育种中的重要一环。多倍体的特征特性为此提供了可靠的理论依据。

通常为了对多倍体的生长情况和经济性状作比较观察,需要在早期辩认出多倍体,这时多以外部形态特征来判定。除此之外,人们通过测定气孔长度及比较气孔保卫细胞叶绿体数目也成功地进行了鉴定。李赟等(1998)还发现通过苹果花粉粒的大小及其不同形状花粉粒数目可鉴定倍性,并测出了判定二倍体与三倍体不同形状花粉粒数目比值的临界值。

早期鉴定可初步辨认出多倍体,但要断定为多倍体还需更进一步的证实。目前最简单而高效的办法是用流式细胞术来测定单个细胞的 DNA 含量，再根据 DNA 含量比较来推断出细胞的倍性（图 8-1、图 8-2）。实验时用锋利的刀片切割西瓜叶片使其释放出完整的细胞核（细胞核提取液），经 DNA 特异性的荧光染料碘化丙啶（propidium iodide，PI）染色后让其单个流过毛细管，在 488nm 激光的照射下发出 620nm 的橙色荧光；荧光强度与结合在 DNA 上 PI 的量成正比，根据每一个粒子的荧光强度，就可以快速地测定每个细胞核的 DNA 含量。通过统计分析（做直方图）确定荧光强度最集中的一组（峰值）为 DNA 的相对含量，再与二倍体峰值比较，就可确定所用材料是否已经加倍。这种方法的最大优点是可以在三叶期取半片叶子就能测出植株的倍性，从而在当代就可以做四倍体与二倍体的杂交获得生产上需要的三倍体种子；同时由于方法简便、快速，试验群体就可以加大，从而增加获得西瓜四倍体的概率。

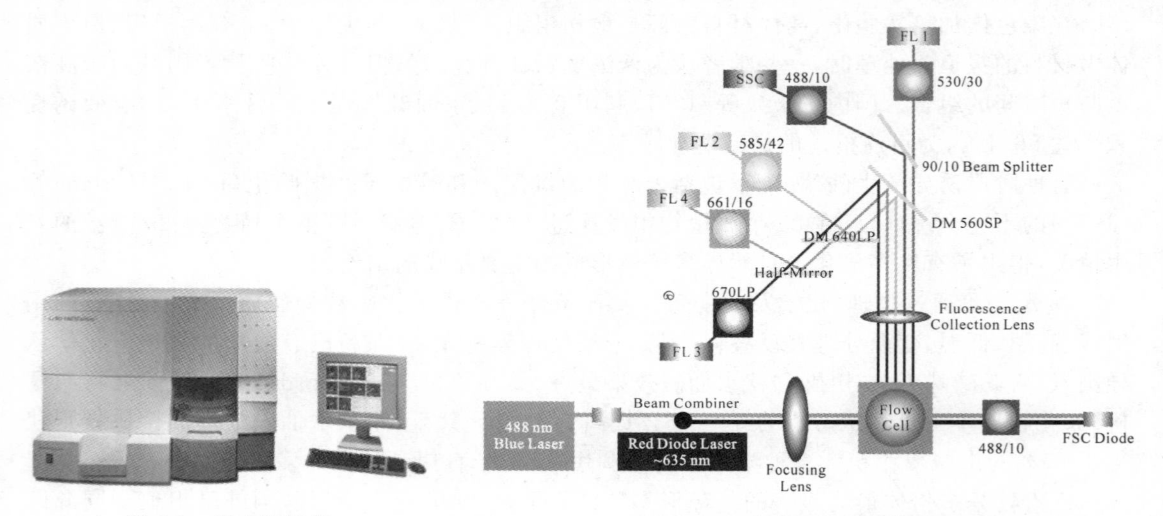

图 8-1　流式细胞仪　　　　图 8-2　流式细胞仪工作原理

8.2　实验目的和要求

（1）熟悉产生多倍体的各种途径，学习应用秋水仙碱溶液诱发四倍体西瓜的方法；

（2）掌握流式细胞术的基本原理，学会基本操作方法。

8.3　实验材料

二倍体西瓜（*Citrullus vulgaris Schrad*，$2n=22$）的种子。

8.4　实验用具和药品

实验用具：显微镜、流式细胞仪、超净工作台、光照培养箱、烘箱、灭菌锅、培养皿、纸杯、无菌棉、载玻片、盖玻片、剪刀、镊子、刀片、解剖针、吸水纸、滤纸、三角瓶、可调移液器、样本管、过滤网等。

药品：秋水仙碱、MS 培养基成分、纤维素酶、酒精、蔗糖、琼脂、BA、IAA、升汞、细胞核提取液、PI 染色液等。

8.5　实验方法和步骤

8.5.1　直播苗直接加倍法

（1）将西瓜种子小心嗑开，去除种皮，然后放入 70%酒精中消毒 10min，用蒸馏水冲洗 5

次,再放入培养皿(2层滤纸+少量蒸馏水)中在25~28℃下发芽。

(2)从田间取回肥沃的泥土,在120℃烘箱中干燥消毒24h,冷却、调湿后装入纸杯(可适当加入一些肥料)。

(3)将发芽1~2d的种子,胚根朝下播(种)入纸杯的泥土中,在25~28℃的培养箱或恒温室中生长,每天在泥土表面喷1~2次水。

(4)在3~4d后,当苗已长出、两片子叶张开约30°角时,在两片子叶间放上少许棉花,然后在棉花上滴加浓度为0.4%的秋水仙碱溶液,每过4h滴加一次,共滴加2d。

(5)在20~30d后,当西瓜苗长有3片左右真叶时,每个样本取约$2cm^2$大小的叶片置于9cm塑料培养皿中,加300μl细胞核提取液,用双面刀片快速剁切约200下,要严格掌握剁切程度,不要使材料重叠,切成泥状。

(6)用移液器吸取200μl提取液,过滤到样本管中,测定前10min加200μl PI染色液上机测定。

(7)用输出的实验结果完成实验报告。

8.5.2 组培苗离体培养加倍法

(1)培养基的配制:西瓜种子的发芽培养基为1/2MS+0.7%琼脂的固体培养基;诱导和生长培养基为MS+BA 1.1263mg/L;生根培养基为Miller+IAA 0.5mg/L。以上培养基除已说明外,均含3%蔗糖和0.7%琼脂,液体培养基则不含琼脂。

(2)无菌苗的准备:种子剥去种壳,用70%的乙醇浸泡处理1min,再用0.1%的升汞处理10min,无菌水冲洗4次,无菌滤纸吸干后接种于发芽培养基上,在培养箱内于26℃,光照度3000lx,每日光照16h条件下培养备用。

(3)秋水仙碱处理和茎尖培养:在无菌条件下,切取8d苗龄的茎尖(长约5mm),放入含0.1mg/L秋水仙碱的液体诱导和生长培养基中,在弱射光下,用摇床以120r/min的转速摇动处理24~48h,然后取出茎尖用无菌水冲洗1次,再插在相应的不含秋水仙碱的固体诱导和生长培养基上诱导茎尖生长,在与培养无菌苗相同的条件下培养。

(4)生根培养:4周后根据生长情况,将长成的无根苗剪下转至生根培养基上。

(5)染色体鉴定:生根后切取少量根尖鉴定植株倍性,方法与遗传学实验的"植物细胞有丝分裂观察"相同。

8.6 实验作业

根据流式细胞仪鉴定结果,统计全班加倍成功率,并解释实验结果,归纳染色体加倍的技术要领。

8.7 问题讨论

(1)为什么秋水仙碱的浓度定在0.4%,处理2d?

(2)怎样保证在2d时间内秋水仙碱的处理都是有效的?

(3)对二倍体或四倍体西瓜用流式细胞仪测定时得到的直方图中为什么都有2个甚至更多的"峰"?

(4)直播苗直接加倍法和组培苗离体培养加倍法的效果有何区别?

8.8 实验记录和报告

8.8.1 学生班级____________**姓名**____________

8.8.2 指导教师姓名________________________

8.8.3 实验日期_______**年**_______**月**_______**日**

8.8.4 实验名称___________________________

8.8.5 原始记录

8.8.6　实验报告

(1) 种子发芽率为____________。

(2) 移栽成活率为____________。

(3) 将你实验结果得到的直方图粘贴在实验报告纸上,并用文字说明实验结果。

实验 9　植物核 DNA 的提取和定性鉴定

9.1　背景知识及实验原理

1868 年，在德国化学家霍佩·赛勒(Hoppe Seyler)的实验室里，瑞士籍的研究生米舍尔(F. Miescher，1844—1895)专门研究脓血中细胞的化学成分。他先用酒精把细胞中的脂肪性物质去掉，然后用猪胃黏膜的酸性提取液(一种能除掉蛋白质的胃蛋白酶粗制品)进行处理，结果发现细胞的大部分被分解了，而细胞核只是缩小了一点儿，仍然保持完整。得到细胞核后，米舍尔对组成细胞核的物质进行了化学分析，发现细胞核内含有与细胞内其他有机物明显不同的物质，这种物质的磷含量很高，远高于蛋白质，而且对蛋白酶有耐受性。米舍尔认为这是一种新物质。霍佩·赛勒用酵母细胞做实验，证实了米舍尔的发现。米舍尔将他发现的新物质命名为“核素”。

霍佩·赛勒的另一个学生，德国的科塞尔(A. Kossel，1853—1927)发现核素是蛋白质和核酸的复合物，并得到了组成核酸的基本成分：鸟嘌呤、腺嘌呤、胸腺嘧啶和胞嘧啶，还有些具有糖类性质的物质和磷酸。确定了核酸这个生物大分子的组成之后，随之而来的问题是这些物质在大分子中的比例，它们之间是如何连接的。斯托伊德尔(H. Steudel)找到了前一个问题的答案。通过分析，他发现单糖、每种嘌呤或嘧啶碱基、磷酸的比例为 1∶1∶1。限于当时的实验条件，后一个问题没有完全解决，科塞尔及其同事只是发现，如果小心地水解核酸，糖基团与含氮的基团是连在一起的。科塞尔还对核酸与蛋白质的结合方式进行了研究，他发现有些物种的核酸与蛋白质结合比较紧密，有些则比较松散。科塞尔因其在核酸化学领域的开创性工作，荣获 1910 年的诺贝尔生理学或医学奖。

1911 年，科塞尔的学生列文(P. A. T. Levine，1869—1940)对核酸做了进一步的研究。他证明核酸所含的糖类由 5 个碳原子组成，并将这种糖类命名为核糖。当时已经发现两种不同的核酸，列文找到了它们之间的区别：它们中的五碳糖不同。另一种糖类比核糖少一个氧原子，称为脱氧核糖。两种核酸也由原来的名字改为核糖核酸和脱氧核糖核酸。1934 年，列文发现核酸可被分解成含有一个嘌呤、一个核糖或脱氧核糖和一个磷酸的片段，这样的组合叫核苷酸。他认为核酸是由五碳糖与磷酸基团组成的长链，每一个五碳糖上再接一个碱基。列文认为这些碱基可能以一种非常简单的方法排列，如 12341234 等，每个数字代表一种特定的碱基。这个模型后来被称为核酸结构的四核苷酸假说。列文虽然没有获得诺贝尔奖，但他的贡献有目共睹，并将永远留在核酸化学的历史中。

弄清楚物质结构的最终证明手段是成功地合成出这种物质。核酸的结构问题很复杂，糖类和碱基都是结构比较复杂的组分，有多种连接的可能，而且还有磷酸基团的位置问题。英国生物化学家托德(A. R. Todd)成功地合成了核苷酸，并于 1955 年成功合成了二核苷酸。托德因其在核苷酸合成以及核苷酸辅酶方面的贡献而获得 1957 年诺贝尔化学奖。

只由 4 个不同部分组成的脱氧核糖核酸是怎样承担生命和遗传的复杂任务呢？1905 年出生的德国生物化学家埃尔温·沙加夫，在 1950 年为问题的解决作出了关键性的贡献：他发现4个组成部分的每两个部分始终是等量的，每一个A就有一个T，每一个C就有一个G。脱氧核糖核酸的"基础"显然是以双数存在的。

奥地利物理学家埃尔温·施罗丁格尔(1887—1961)以他的《关于波动力学的论文集》获得1933年诺贝尔物理学奖。1944年，施罗丁格尔的一本小册子《什么是生命?》引起了轰动。他在书中从纯理论角度提出一种遗传密码。英国科学家弗朗西斯·克里克和莫里斯·威尔金斯认真阅读了施罗丁格尔的《什么是生命?》，后来获得20世纪最重大的发现——阐明脱氧核糖核酸结构。

女物理化学家罗莎琳德·富兰克林(1921—1958)在伦敦国王学院的威尔金斯实验室借助于伦琴射线对脱氧核糖核酸进行结构分析。弗朗西斯·克里克在剑桥同很有天分的美国生物学家詹姆斯·沃森(1928—)开展合作。在他们第一次会面后不久，两人就决心单独研究脱氧核糖核酸的结构。利用已掌握的沙加夫的理论和富兰克林的研究成果，克里克和沃森开始着手这方面的工作，他俩以极大的热情制作出一个高约两米的双螺旋模型，以此从化学方面来解释孟德尔的理论。生物学研究再一次经历了认识上的飞跃。

研究核酸首先要对其进行分离和提纯。制备核酸要注意防止核酸的降解和变性，尽量保持其在生物体内的天然状态。早期研究时，由于受到方法上的限制，得到的样品往往是一些降解产物。要制备天然状态的核酸，必须在温和的条件下进行，防止过酸、过碱，避免剧烈搅拌，尤其是防止核酸酶的作用。

真核生物中的染色体DNA与组蛋白结合成核蛋白(DNP)，存在于核内。DNP溶于水和浓盐溶液(如浓度为1mol/L的NaCl溶液)，但不溶于浓度为0.14mol/L的NaCl溶液。利用这一性质，可将细胞破碎后用浓盐溶液提取，然后用水稀释至0.14mol/L，使DNP纤维沉淀出来，缠绕在玻璃棒上，再经多次溶解和沉淀以达到纯化目的。苯酚是很强的蛋白质变性剂，可用苯酚抽提，除去蛋白质。用水饱和的苯酚与DNP一起振荡，冷冻离心，DNA溶于上层水相，不溶性变性蛋白质残留物位于中间界面，一部分变性蛋白质停留在酚相。如此操作反复多次以除净蛋白质。将含DNA的水相合并，在有盐存在的条件下加2倍体积的冷乙醇，可将DNA沉淀出来。再用乙醚和乙醇洗涤沉淀，用这种方法可以得到纯的DNA。

1809年，俄国物理学家Рейсе首次发现电泳现象。他在湿黏土中插上带玻璃管的正负两个电极，加电压后发现正极玻璃管中原有的水层变混浊，即带负电荷的黏土颗粒向正极移动，这就是电泳现象。

1909年，Michaelis首次将胶体离子在电场中的移动称为电泳。他用不同pH的溶液在"U"形管中测定了转化酶和过氧化氢酶的电泳移动和等电点。

1937年，瑞典Uppsala大学的Tiselius对电泳仪器作了改进，创造了Tiselius电泳仪，建立了研究蛋白质的移动界面电泳方法，并首次证明了血清是由白蛋白及α、β、γ球蛋白组成的。由于Tiselius在电泳技术方面作出的开拓性贡献而获得了1948年的诺贝尔化学奖。

1948年，Wieland和Fischer重新发展了以滤纸作为支持介质的电泳方法，对氨基酸的分离进行过研究。

从20世纪50年代起，特别是1950年Durrum用纸电泳进行了各种蛋白质的分离以后，开创了利用各种固体物质(如各种滤纸、醋酸纤维素薄膜、琼脂凝胶、淀粉凝胶等)作为支持介质的区带电泳方法。

1959年，Raymond和Weintraub利用人工合成的凝胶作为支持介质，创建了聚丙烯酰胺凝胶电泳，极大地提高了电泳技术的分辨率，开创了近代电泳的新时代。30多年来，聚丙烯酰胺凝胶电泳仍是生物化学和分子生物学中对蛋白质、多肽、核酸等生物大分子使用最普遍、分辨率最高的分析鉴定技术，是检验生化物质的最高纯度即“电泳纯”（一维电泳一条带或二维电泳一个点）的标准分析鉴定方法，至今仍被人们称为是对生物大分子进行分析鉴定的最后、最准确的手段，即“Last Check”。

电泳是指带电颗粒在电场作用下发生迁移的过程。许多重要的生物分子，如氨基酸、多肽、蛋白质、核苷酸、核酸等都具有可电离基团，它们在某个特定的 pH 值下可以带正电或负电，在电场的作用下，这些带电分子会向着与其所带电荷极性相反的电极方向移动。电泳技术就是利用在电场的作用下，由于待分离样品中各种分子带电性质以及分子本身大小、形状等性质的差异，使带电分子产生不同的迁移速度，从而对样品进行分离、鉴定或提纯的技术。

电泳装置主要包括两个部分：电源和电泳槽。电源提供直流电，在电泳槽中产生电场，驱动带电分子的迁移。电泳槽可以分为水平式和垂直式两类。垂直式电泳是较为常见的一种，常用于聚丙烯酰胺凝胶电泳中蛋白质的分离。电泳槽中间是夹在一起的两块玻璃板，玻璃板两边由塑料条隔开，在玻璃平板中间制备电泳凝胶，凝胶的大小通常是 12cm×14cm，厚度为 1～2mm，近年来新研制的电泳槽，胶面更小、更薄，以节省试剂和缩短电泳时间。制胶时在凝胶溶液中放一个塑料梳子，在胶聚合后移去，形成上样品的凹槽。水平式电泳，凝胶铺在水平的玻璃或塑料板上，用一薄层湿滤纸连接凝胶和电泳缓冲液，或将凝胶直接浸入缓冲液中。由于 pH 值的改变会引起带电分子电荷的改变，进而影响其电泳迁移的速度，所以电泳过程应在适当的缓冲液中进行，缓冲液可以保持待分离物的带电性质的稳定。

9.2 实验目的和要求

学习从高等植物中提取核 DNA 的方法，为基因工程操作提供所需要的 DNA 片段。

9.3 实验材料

两个普通小麦品种：中国春小麦和丽麦。

9.4 实验用具和药品

9.4.1 实验用具

普通高速离心机、紫外线分析灯、电泳仪、电泳槽、恒温水浴锅、液氮罐、研钵、移液枪、离心管。

9.4.2 药品

从公司购置的专用试剂盒。

9.5 实验方法和步骤

9.5.1 DNA 的提取

(1)将 Lysis Solution（裂解溶液）、Precipitation Solution（沉淀液）、CTAB/NaCl 溶液 65℃保温至充分溶解，混匀。

(2)取 300mg 小麦的幼嫩叶片，用液氮碾磨成粉末，中途不断添加液氮保持样品不解冻。

(3)将粉末转移到离心管中，加入 600μl Lysis Solution，65℃保温 60min，中途摇匀。

(4)加 600μl Chloroform/Isoamyl Alcohol（氯仿/异戊醇），小心地上下颠倒摇匀，10000 r/min离心 5min。

(5)将上清转移到 1.5ml 离心管中,加入 1/10 体积的 CTAB/NaCl,加入等体积的氯仿/异戊醇,小心地上下颠倒摇匀,10000r/min 离心 5min。

(6)将上清转移到 1.5ml 离心管中,加入等体积的 Precipitation Solution(沉淀液),小心地上下颠倒摇匀,65℃保温 30min,4000r/min 离心 5min。离心后应能看到沉淀物。[如果不能看到沉淀物,可以在离心管中补加 1/10 体积的 Precipitation Solution(沉淀液),37℃保温 1h 或过夜,然后 4000r/min 离心 5min。]

(7)小心去除上清,加入 200μl High Salt(高盐液),65℃保温 30min 左右使沉淀完全溶解,加入 2μl RNAse A,混匀,37℃保温 30min。

(8)加入 120μl Isopropanol(异丙醇),混匀,10000r/min 离心 5min。

(9)彻底除去上清,加入 1ml 80%乙醇,10000r/min 离心 5min。

(10) 彻底除去上清,再次高速离心一次,用移液枪头去除管底部的全部溶液,倒置 10min 以上。

(11) 加入 50μl TE 溶解。-20℃保存备用。

9.5.2 DNA 的检测

(1) DNA 溶液稀释 20 倍后,测定 OD_{260}/OD_{280} 比值,明确 DNA 的含量和质量。通常 OD_{260} 值反映 DNA 的含量,OD_{260}/OD_{280} 比值反映 DNA 的质量(1.8 左右为正常,太低可能是 RNA 污染严重,太高可能是蛋白质污染严重)。

(2) 配制 5×TBE 电泳缓冲液、6×电泳载样缓冲液和溴化乙锭(EB)溶液(公司有售)。

(3) 取 5×TBE 电泳缓冲液配制成 0.5×TBE 稀释缓冲液待用。

(4)称取 1.2g 琼脂糖,置于 250ml 锥形瓶中,加入 150ml 0.5×TBE 稀释缓冲液,放入微波炉里加热至琼脂糖全部熔化、溶液清亮为止。注意不要让溶液溢出锥形瓶。

(5)向冷却至 60℃的琼脂糖溶液中加入溴化乙锭使其终浓度为 0.5μg/ml。

(6)装好电泳槽,插入梳子,并将 60℃的琼脂糖溶液倒入胶槽中,使胶液形成均匀的胶层。室温下静置半小时以上,待完全凝固后拔出梳子,向槽内加入 0.5×TBE 稀释缓冲液至液面恰好没过胶板上表面。

(7)将电泳槽调节水平;取 10μl DNA 稀释液与 2μl 6×电泳载样缓冲液混匀用移液枪加入样品槽中。

(8)加完样后,合上电泳槽盖,开通电源,在 80V 电压下电泳。当溴酚蓝条带移动到距凝胶前沿约 2cm 时,停止电泳。

(9)取出凝胶,在紫外灯下观察荧光条带。如果结果正常,一般只看到一条发亮的荧光条带。

9.6 实验作业

请画出各个材料的电泳图谱,分析实验成败。

9.7 问题讨论

(1)DNA 溶于酒精吗?

(2)在用乙醇沉淀 DNA 时,为什么一定要加 NaAc 或 NaCl 至最终浓度达 0.1~0.25mol/L?

(3)为什么在保存或抽提 DNA 过程中,一般采用 TE 缓冲液?

9.8 实验记录和报告

9.8.1 学生班级______________**姓名**______________

9.8.2 指导教师姓名____________________________

9.8.3 实验日期________**年**________**月**________**日**

9.8.4 实验名称________________________________

9.8.5 原始记录

9.8.6　实验报告

请把电泳图谱拍照后粘贴在实验报告纸上，并用文字对实验结果进行分析。

实验 10　植物近缘种属的 RAPD 分析

10.1　背景知识及实验原理

1869 年：对核酸进行研究。

1930 年：了解 DNA 和 RNA 的化学组成、结构及功能。

1953 年：Watson 和 Crick 提出 DNA 双螺旋结构及 Crick 半保留复制。

1971 年：Khorana 等提出思路：在体外经 DNA 变性，与适当引物杂交，再用 DNA 聚合酶延伸引物并不断重复该过程便可克隆 tRNA 基因。这种核酸体外扩增的设想由于当时不能合成寡核苷酸的引物和很难进行 DNA 测序而渐渐为人们所疏忽。

1985 年：利用 Komberg 在 1958 年发现并分离的 DNA 聚合酶（这是第一个可在试管里合成 DNA 的酶），美国 Cetus 公司人类遗传研究室的年轻科学家 K. B. Mullis 发明了具有划时代意义的聚合酶链反应，使 Khorana 的设想终于付诸实施。

1986 年：PE-Cetus 公司发明并提纯了耐热 DNA 聚合酶。

1987 年：推出了 PCR 自动化热循环仪。

1988 年：获得了用基因工程方法生产的耐热 DNA 聚合酶。

1993 年：K. B. Mullis 获得诺贝尔化学奖。

聚合酶链反应（polymerase chain reaction，PCR）技术的原理与细胞内发生的 DNA 复制过程十分类似。DNA 聚合酶能以单链 DNA 为模板，合成一个与其互补的新链。将双链 DNA 加热至接近 100℃时，DNA 变性，形成两条单链 DNA。此单链 DNA 即可作为合成互补链的模板。然而，新链合成的起始点必须有一小段双链 DNA。PCR 反应中，两条人工合成的寡核苷酸引物与单链 DNA 模板中的一段互补序列结合，形成部分双链。在适宜的温度下，DNA 聚合酶即将 dNTP 中的脱氧单核苷酸加到引物 3′-OH 末端，并以此为起点，沿模板以 5′→3′方向延伸，合成一条新的互补链。引物的位置将决定合成的 DNA 序列。

PCR 反应中，双链 DNA 的高温变性、引物与模板的低温退火和适温下引物延伸三个步骤反复循环。每一循环中所合成的新链，又都可以作为下一循环中的模板。PCR 的特定 DNA 序列产量随着循环次数呈指数增加，达到迅速大量扩增的目的。

PCR 自动热循环中影响因素很多，对不同的 DNA 样品，PCR 反应中各种成分加入量和温度循环参数均不一致。现将几种主要影响因素介绍如下：

10.1.1　模板变性温度

变性温度是决定 PCR 反应中双链 DNA 解链的温度，达不到变性温度就不会产生单链 DNA 模板，PCR 也就不会启动。变性温度低则变性不完全，DNA 双链会很快复性，因而减少产量。变性温度一般取 90～95℃。样品一旦到达此温度宜迅速冷却到退火温度。DNA 变性只需要几秒种，时间过久没有必要；反之，高温的时间应尽量缩短，以保持 Taq DNA 聚合酶的活力，加入 Taq DNA 聚合酶后最高变性温度不宜超过 95℃。

10.1.2　引物退火温度

退火温度决定 PCR 特异性与产量。温度高特异性强，但过高则引物不能与模板牢固结合，DNA 扩增效率下降；温度低产量高，但过低可造成引物与模板错配，非特异性产物增加。一般先由 37℃反应条件开始，设置一系列对照反应，以确定某一特定反应的最适退火温度。也可根据引物的(G＋C)％含量进行推测，把握试验的起始点，一般试验中退火温度 Ta (annealing temperature)比扩增引物的融解温度 Tm(melting temperature)低 5℃，可按公式进行计算：

$$Ta = Tm - 5℃ = 4(G+C) + 2(A+T) - 5℃$$

其中 A，T，G，C 分别表示相应碱基的个数。例如，20 个碱基的引物，如果(G＋C)％含量为 50％时，则 Ta 的起点可设在 55℃。在典型的引物浓度时(如 0.2μmol/L)，退火反应数秒即可完成，长时间退火没有必要。

10.1.3　引物延伸温度

温度的选择取决于 Taq DNA 聚合酶的最适温度。一般取 70～75℃，在 72℃时酶催化核苷酸的标准速度可达 35～100 个核苷酸/秒。每分钟可延伸 1kb 的长度，其速度取决于缓冲溶液的组成、pH 值、盐浓度与 DNA 模板的性质。扩增片段若短于 150bp，则可省略延伸这一步，而成为双温循环，因 Taq DNA 聚合酶在退火温度下足以完成短序列的合成。对于 100～300bp 之间的短序列片段，采用快速、简便的双温循环是行之有效的。此时，引物延伸温度与退火温度相同。对于 1kb 以上的 DNA 片段，可根据片段长度将延伸时间控制在 1～7min，与此同时，在 PCR 缓冲液中需加入明胶或 BSA 试剂，使 Taq DNA 聚合酶在长时间内保持良好的活性与稳定性；15％～20％的甘油有助于扩增 2.5kb 左右或较长 DNA 片段。

10.1.4　循环次数

常规 PCR 一般为 25～40 个周期。一般的错误是循环次数过多，非特异性背景严重，复杂度增加。当然，如果循环反应的次数太少，则产率偏低。所以，在保证产物得率的前提下，应尽量减少循环次数。

扩增结束后，样品冷却并置于 4℃条件下保存。

总之，PCR 的条件是随系统而异的，并无统一的最佳条件，先选用通用的条件扩增，然后稍稍改变各参数，可以达到优化，以取得优良的特异性和产率。

PCR 技术问世以来，以其简便、快速、灵敏、特异性好等优点受到分子生物学界的普遍重视，广泛应用于基因工程、临床检验、癌基因研究、环境的生物监测以及生物进化过程中核酸水平的研究等许多领域，发展十分迅速。

本实验使用的 RAPD(random amplified polymorphic DNA)技术是 PCR 技术的一种衍生技术。通常 PCR 技术中使用的是两个长度、碱基序列不同的引物。但生物的染色体中存在一种"回文结构"，即两个间隔不太远的小片段具有相同的碱基序列，因此科学家就想到用这两个相同的小片段作为引物同样能进行 PCR 的扩增。这就形成了最先由 Williams 等(1990)发明的 RAPD 技术，所用的两个相同的引物叫随机引物。

RAPD 技术可用于不同品种间的鉴定。这是因为尽管不同品种的染色体上绝大多数位点的碱基序列是相同的，但总有部分位点的序列是不同的，否则就不可能产生形态上的差异。如果这些有差异的序列恰好落在同一个"回文结构"(随机引物相同)中，那么用这个随机引物扩增出的片段就不相同，在凝胶电泳中就可以表现出不同的谱带。这个随机引物也就成了区分两个不同品种的分子标记。

10.2 实验目的和要求

初步学习用分子手段鉴别不同物种的遗传组成。

10.3 实验材料

两个普通小麦品种“中国春”和“丽麦”的核 DNA。

10.4 实验用具和药品

实验用具：PCR 仪、紫外线分析灯、电泳仪、电泳槽、移液枪、离心管。

药品：从公司购置的专用 PCR 试剂盒。

10.5 实验方法和步骤

(1)取上次实验提取的 DNA 5μl，放入 1.5ml 离心管中，加入 1ml TE。

(2)在 0.5ml PCR 薄壁管中依次加入 2μl 的引物和 2μl 的 DNA 稀释液，再加入 21μl TE。

(3)将 Universal Taq PCR Master Mix 全部解冻，取 25μl 加入上面的 PCR 管中，用 TIP 混匀。

(4)在 94℃ 45s、35℃ 90s、72℃ 90s 的条件下扩增 40 个循环。

(5)扩增结束后取 10μl 用 1% Agarose 电泳检测扩增效果，并比较两个不同小麦品种的条带。

10.6 实验作业

请画出各个材料的扩增条带模型，分析条带的异同并说明原因。

10.7 问题讨论

(1)为什么 RAPD 技术中的随机引物通常是 10 个碱基的？

(2)对同一品种做 RAPD 分析时，不同的引物也能扩增出分子量相同的条带吗？对同一品种做 RAPD 分析时，相同的引物也能扩增出分子量不同的条带吗？

(3)在对 RAPD 产物进行电泳时，如果没有任何条带产生，是否可说明实验操作有问题？

10.8　实验记录和报告

10.8.1　学生班级______________姓名______________

10.8.2　指导教师姓名____________________________

10.8.3　实验日期________年________月________日

10.8.4　实验名称________________________________

10.8.5　原始记录

10.8.6 实验报告

请将各个材料的扩增条带拍照后粘贴在实验报告纸上，分析条带的异同并说明原因。

实验 11　植物染色体荧光原位杂交(FISH)

11.1　背景知识及实验原理

原位杂交技术(*in situ* hybridization,ISH)是分子生物学、组织化学及细胞学相结合而产生的一门新兴技术,始于 20 世纪 60 年代。1969 年,美国耶鲁大学的 Gall 等(1969)首先用爪蟾核糖体基因探针与其卵母细胞杂交,将该基因进行定位,与此同时 Buongiorno-Nardelli 和 Amaldi 等(1970)相继利用同位素标记核酸探针进行了细胞或组织的基因定位,从而创造了原位杂交技术。自此以后,由于分子生物学技术的迅猛发展,特别是 20 世纪 70 年代末到 80 年代初,分子克隆、质粒和噬菌体 DNA 的构建成功,为原位杂交技术的发展奠定了深厚的技术基础。

原位杂交技术的基本原理是利用核酸分子单链之间有互补的碱基序列,将有放射性或非放射性的外源核酸(即探针)与组织、细胞或染色体上的待测 DNA 或 RNA 互补配对,结合成专一的核酸杂交分子,经一定的检测手段将待测核酸在组织、细胞或染色体上的位置显示出来。为显示特定的核酸序列必须具备 3 个重要条件:组织、细胞或染色体的固定;具有能与特定片段互补的核苷酸序列(即探针);有与探针结合的标记物(曾呈奎等,2000)。

原位杂交所用的探针可以分为三类:

(1)染色体特异重复序列探针。例如 α 卫星、卫星Ⅲ类的探针,其杂交靶位常大于 1MB,不含散在重复序列,与靶位结合紧密,杂交信号强,易于检测。

(2)染色体或染色体区域特异性探针。由一条染色体或染色体上某一区段上特异的核苷酸片段所组成,可由克隆到噬菌体和质粒中的染色体特异大片段获得。

(3)特异性位置探针。由一个或几个克隆序列组成。探针的荧光素标记可以采用直接和间接标记的方法。间接标记是采用生物素标记的 DUTP(biotin-dUTP)经缺口平移法进行标记,杂交之后用耦联有荧光素的抗生物素的抗体进行检测,同时还可以利用几轮抗生物素蛋白—荧光素、生物素化的抗—抗生物素蛋白、抗生物素蛋白—荧光素的处理,将荧光信号放大,从而可以检测 500bp 的片段。直接标记法是将荧光素直接与探针核苷酸或磷酸戊糖骨架共价结合,或在缺口平移法标记探针时将荧光素核苷三磷酸掺入。直接标记法在检测时步骤简单,但由于不能进行信号放大,因此灵敏度不如间接标记法。

RNA 原位核酸杂交是最早应用的原位杂交技术,又称 RNA 原位杂交组织化学或 RNA 原位杂交。该技术是指运用 cRNA 或寡核苷酸等探针检测细胞和组织内 RNA 表达的一种原位杂交技术。其基本原理是:在细胞或组织结构保持不变的条件下,用标记的已知的 RNA 核苷酸片段,按核酸杂交中碱基配对原则,与待测细胞或组织中相应的基因片段相结合(杂交),所形成的杂交体(Hybrids)经显色反应后在光学显微镜或电子显微镜下观察其细胞内相应的 mRNA、rRNA 和 tRNA 分子。RNA 原位杂交技术经不断改进,其应用的领域已远超出 DNA 原位杂交技术。尤其在基因分析和诊断方面能作定性、定位和定量分析,已成为最有效的分子病理学技术,同时在分析低丰度和罕见的 mRNA 表达方面已展示了分子生物学的一个重要方向。

基因组原位杂交(genome *in situ* hybridization,GISH)技术是 20 世纪 80 年代末发展起来的一种原位杂交技术。它主要是利用物种之间 DNA 同源性的差异,用另一物种的基因组 DNA 以适当的浓度作封阻,在靶染色体上进行原位杂交。GISH 技术最初应用于动物方面的研究(Pinkel et al.,1986),在植物上最早应用于小麦远缘杂种和栽培种的鉴定(余舜武等,2001;王文奎等,2000)。

荧光原位杂交(fluorescence *in situ* hybridization,FISH)技术是在已有的放射性原位杂交技术的基础上发展起来的一种非放射性 DNA 分子原位杂交技术。它利用荧光标记的核酸片段为探针,与染色体上或 DNA 显微切片上的特异 DNA 片段杂交,通过荧光检测系统(荧光显微镜)检测信号 DNA 序列在染色体或 DNA 显微切片上的目的 DNA 序列,进而确定其杂交位点。FISH 技术检测时间短,检测灵敏度高,无污染,已广泛应用于染色体的鉴定、基因定位和异常染色体检测等领域。FISH 是原位杂交技术大家族中的一员,因其所用探针被荧光物质标记(间接或直接)而得名,该方法在 20 世纪 80 年代末被发明,现已从实验室逐步进入临床诊断领域。基本原理是荧光标记的核酸探针在变性后与已变性的靶核酸在退火温度下复性;通过荧光显微镜观察荧光信号,可在不改变被分析对象(即维持其原位)的前提下对靶核酸进行分析。DNA 荧光标记探针是其中最常用的一类核酸探针。利用此探针可对组织、细胞或染色体中的 DNA 进行染色体及基因水平的分析。荧光标记探针不对环境构成污染,灵敏度能得到保障,可进行多色观察分析,因而可同时使用多个探针,缩短因单个探针分开使用导致的周期过长和技术障碍。

多彩色荧光原位杂交(multicolor fluorescence *in situ* hybridization,mFISH)是在荧光原位杂交技术的基础上发展起来的一种新技术,它用几种不同颜色的荧光素单独或混合标记的探针进行原位杂交,能同时检测多个靶位,各靶位在荧光显微镜下和照片上的颜色不同,呈现多种色彩,因而被称为多彩色荧光原位杂交。它克服了 FISH 技术的局限,能同时检测多个基因,在检测遗传物质的突变和染色体上基因定位等方面得到了广泛的应用(杨明杰等,1998)。

原位 PCR 技术是常规的原位杂交技术与 PCR 技术的有机结合,即通过 PCR 技术对靶核酸序列在染色体上或组织细胞内进行原位扩增使其拷贝数增加,然后通过原位杂交技术进行检测,从而对靶核酸序列进行定性、定位和定量分析。原位 PCR 技术大大提高了原位杂交技术的灵敏度和专一性,可用于低拷贝甚至单拷贝的基因定位,为原位杂交技术的发展提供了更广阔的发展前景。

原位杂交技术因其高度的灵敏性和准确性而日益受到许多科研工作者的欢迎,并广泛应用到基因定位、性别鉴定和基因图谱的构建等研究领域。目前原位杂交技术在植物中的应用比较广泛,例如在棉花、麦类和树木等的遗传育种方面取得了显著的成就;在畜牧上,原位杂交技术主要用于基因定位和基因图谱的构建以及转基因的检测和性别鉴定等方面;在水产方面,原位杂交技术则主要应用于基因定位(多见于对鱼类和贝类等水生物的研究)和病毒的检测(多见于虾类)。此外,原位杂交技术作为染色体高分辨显带技术的补充和发展,在水生物的细胞遗传学的研究领域将发挥更重要的作用。同其他生物技术一样,原位杂交技术在其发展与应用的过程中会出现一些问题,但随着原位杂交技术的不断改进和完善以及检测手段的改进,原位杂交技术的优越性越来越突出,其应用也会更加广泛。

11.2　实验目的和要求

了解荧光原位杂交技术的基本原理及在生物学各领域的应用。掌握原位杂交技术的操作方法和荧光显微镜的使用方法。

11.3　实验材料

陆地棉(*Gossypium hirsutum*,$2n=52$,AD 染色体组)、海岛棉(*Gossypium barbadense*,$2n=52$,AD 染色体组)和亚洲棉(*Gossypium arboretum*,$2n=26$,A 染色体组)染色体标本,由种子根通过酶解法制备。

11.4　实验用具和药品

实验用具:显微镜、载玻片、载玻片架、盖玻片、玻璃试管(5ml)、120mm^2 玻璃染色缸、剃须刀刀片、剪刀、细尖镊子、带×10 物镜的解剖显微镜、带相差物镜的显微镜(×10,×40)、用缝衣针制成的“挤压针”、一对皮下注射针头(25G,25mm)、湿润温箱(加有一个盖子的塑料盒子,内衬有蒸馏水或 45%乙酸浸湿的纸)、滤纸或层析纸条、金刚钻笔、装有液氮的罐或块状干冰、夹钳或长镊子、存放载玻片的塑料盒。

药品:见实验步骤。

11.5　实验方法和步骤

11.5.1　染色体标本制备

用于原位杂交的染色体制片,应注意以下两个方面:①完全排除细胞壁和细胞质对染色体的覆盖,以提高探针对靶 DNA 的可及性;②染色体牢固地附着在盖玻片或载玻片上,以避免高温处理和反复洗涤过程中染色体脱落。标本的制备方法见实验 1。

11.5.2　杂交前处理

杂交前处理的目的有二,其一是用 RNA 酶处理,充分降解细胞中的 RNA,以减少干扰;其次是充分干燥和重固定,以防止染色体脱落。杂交前处理步骤如下:

(1)染色体制片在 40～60℃烘箱中过夜。

(2)在气干片上加 30μl/ml RNase A 液,盖 22mm×22mm 封口膜,37℃处理 1h。

(3)用 2×SSC 洗去盖片,并在室温下洗涤 2 次,各 10min。SSC 液配制方法如下:称取 17.53g NaCl 和 8.82g $Na_3C_6H_5O_7 \cdot H_2O$,加蒸馏水定容至 1000ml。

(4)转入 4%(多聚)甲醛 37℃处理 10min[1.2g(多聚)甲醛溶于 25ml 水中,加 20μl 10mol/L NaOH,于 80℃溶解,冷却,加 5ml 1×PBS 缓冲液,再调节 pH 至 7.5,现用现配,用 HCl 调 pH]。

(5)转入 2×SSC 洗 2×10min。

(6)迅速转入乙醇梯度 70%、80%、100%各 5min,气干备用。

11.5.3　探针制备

探针一般是指用来检测某一特定核苷酸序列或基因序列的 DNA 片段或 RNA 片段。根据核酸分子探针的来源及其性质可以分为:基因组 DNA 探针、cDNA 探针、RNA 探针及人工合成的寡核苷酸探针等。根据目的和要求的不同,可以采用不同类型的核酸探针。探针标记主要的方法有缺刻平移法和随机引物标记法，本实验介绍缺刻平移法标记基因组的方法。

(1)试剂及配制方法：

10×缺刻平移缓冲液：0.5mol/L Tris-HCl，pH7.8；0.05mol/L $MgCl_2$；1mg/ml BSA(去核酸酶)。

未标记的核苷酸混合液：dCTP、dGTP 和 dATP 分别用 100mmol/L Tris-HCl(pH7.5)配成 0.5mmol/L 溶液，然后按 1∶1∶1 混合。

Dig-标记：Dig-11-dUTP(1mmol/L 贮存液)和 dTTP(1mmol/L 贮存液)混合，最终浓度为 0.35mmol/L Dig-11-dUTP 和 0.65mmol/L dTTP。

Biotin 标记：用 0.4mmol/L Biotin-11-dUTP。

荧光素标记：用荧光素-11-dUTP 或罗丹明-4-dUTP(1mmol/L 贮存液)和 dTTP(1mmol/L 贮存液)按 1∶1 混合。

DNA 聚合酶Ⅰ：0.1U/μl。

(2)1.5ml 微形管中加入下列溶液：

5μl 10×缺刻平移缓冲液；

5μl 未标记的核苷酸混合液；

1μl Dig-11-dUTP-dTTP 混合液；

2.5μl Biotin-11-dUTP 或 2μl 荧光素标记核苷酸混合液；

1μl 100mmol/L 二硫苏糖醇(DTT)；

Xμl DNA 相当量至 1μg；

Yμl 水；

总体积为 45μl。

(3)加 5μl DNA 聚合酶/DNA 酶Ⅰ溶液，轻轻混合并稍加离心。

(4)置 15℃温育 90min。

(5)加 5μl 0.3mol/L EDTA(pH8.0)终止反应。

(6)加 5μl 3mol/L NaAc(或 5μl 4mol/L LiCl)和 150μl 冰冻冷却的 100%乙醇。

(7)在－20℃过夜或在干冰上冷却 1～2h 使 DNA 沉淀。

(8)在－10℃，12000g 离心 30min。

(9)倒掉上清液，加 0.5ml 冷却的 70%乙醇洗涤沉淀物，如步骤(8)离心 5min。

(10)倒掉上清液，至沉淀物变干。

(11)用 1×TE 重新悬浮 DNA。基因组探针用 10μl，克隆探针用 10～100μl。

11.5.4　变性和杂交、洗脱

在 DNA 与 DNA 杂交之前，探针和靶 DNA 以及封阻 DNA 都必须变性成为单链 DNA。RNA 探针虽然是单链，但有时也会局部形成分子间的双链，因此通常也进行变性处理。靶 RNA 作为单链分子固定在核质中，所以无需变性。变性方法可分两种，即探针和靶 DNA 分别变性和共变性。普遍认为后者优于前者。

(1)杂交混合液的配制：杂交混合液现配现用，并可在－20℃冰箱保存约 6 个月。其配方如下：

20μl 100%甲酰胺；

8μl 50%(W/V)硫酸葡聚糖；

4μl 20×SSC；

4μl 探针；

Xμl 封阻 DNA；

Yμl 10%(W/V)SDS 水溶液，加至总量 40μl。

(2)DNA 变性：在涡流混合器上混匀后，于 90℃变性 10min，转入冰水中至少 5min。

(3)杂交：预备杂交湿盒(加 2×SSC)，于 80℃预热；取 20μl 杂交液滴于载玻片上，加盖 22mm×22mm 塑膜盖片，放于杂交盒中，80℃共变性 10min(各载玻片需分开放置)；将杂交盒转移到 37℃水浴中复性过夜。

(4)杂交后的洗脱：杂交后的洗脱是为了除去探针与靶 DNA 之间的非特异性结合物，以及未参与杂交的多余探针，从而降低背景。因此，洗脱强度会直接影响杂交结果。洗脱分为高严格度和低严格度。高严格度是指高甲酰胺浓度、高温和低离子浓度。用高严格度洗脱，只有碱基完全互补的特异杂交体得以保存。反之，低严格度洗脱，染色体上原位杂交的信号会增多，但非专一性的背景信号也随之增加。一般先用低严格度洗脱，再根据杂交信号强弱及背景情况决定是否用高严格度洗脱。一般的洗脱程序如下：

用 2×SSC 于 37℃洗脱盖片 2×5min；

在 20%甲酰胺(0.1%×SSC 配制)中于 37℃洗 10min；

2×SSC，37℃，3×3min；

冷却 5min；

室温下，2×SSC，3×3min；

2×SSC，37℃和室温洗脱各一次，每次 5min。

11.5.5　杂交信号的检测

不同标记的探针，其杂交信号的检测方法不同，其中生物素标记探针杂交的检测如下：

(1)试剂及配制方法：

BSA 封阻液：5%(W/V)BSA 溶于 4×SSC/吐温(0.2%吐温 20 溶于 4×SSC)。

耦联的 Advidin：稀释适当的耦联物至 BSA 封阻液中，如 Texas 红，使用浓度为 5μg/ml，荧光素 5μg/ml，辣根过氧化酶 10μg/ml。

正常的山羊血清封阻液：5%(V/V)山羊血清溶于 4×SSC/吐温。

生物素标记的抗-抗生物素蛋白：5μg/ml 生物素标记的抗-抗生物素蛋白溶于山羊血清封阻液中。

(2)检测方法：制片在 4×SSC/吐温中处理 5min，每片上加 200μl BSA 封阻液，加盖片，处理 5min；去盖片，甩干 BSA 封阻液，加 30μl 耦联的 Advidin，加盖片，于 37℃温育 1h，用 4×SSC/吐温液于 37℃洗 3×8min。

(3)信号放大：

在制片上加 200μl 正常的山羊血清封阻液，加盖片，处理 5min。

甩去上述溶液，加 30μl 生物素标记的抗-抗生物素蛋白，加盖片，于 37℃温育 1h。

用 4×SSC/吐温于 37℃洗 3×8min。

在 BSA 封阻液中处理 5min。

用 4×SSC/吐温于 37℃洗 3×8min。

11.5.6 复染和封片

DAPI(4′,6-二脒基-2-苯基吲哚，常用荧光染料）的激发光和发射光的波长均不覆盖Texas红、罗丹明或FITC(异硫氰酸荧光素)的荧光，此外，PI也可以用于FITC的复染，前者为红色，后者为绿色荧光。试验方法如下：

复染缓冲液(pH7.0)：18ml的A液和82ml的B液混合，pH=7.0。其中A为0.1mol/L柠檬酸，B为0.2mol/L Na_2HPO_4。

DAPI：100μg/ml DAPI溶于水为贮存液，在－20℃保存。贮存液用复染缓冲液稀释至2μg/ml为工作液，－20℃保存。

PI：100μg/ml PI溶于水为贮存液，在－20℃保存。使用前用4×SSC/吐温20(0.2%)稀释为2.5μg/ml。

复染方法如下：

DAPI：每片加100μl DAPI，加盖片，处理10min；用4×SSC/吐温稍加洗涤，用抗衰片封片。

PI：每片加100μl PI，加盖片，处理10min；用4×SSC/吐温稍加洗涤，封片为止。

注意：PI不能与Texas红、罗丹明等红荧光染料复染。

荧光染料染色后，为防止荧光快速衰减，可用90%甘油-苯二胺(V/V)配制抗衰减剂封片。

11.5.7 镜检

11.6 实验作业

分别制作用小麦A、B、D基因组DNA为探针的普通小麦荧光原位杂交片子各一张，并进行染色体组型分析和染色体组分析。

11.7 问题讨论

(1)为什么说本实验是一个综合性实验？

(2)本实验是在压片上做原位杂交，能否在切片上做原位杂交？

11.8　实验记录和报告

11.8.1　学生班级____________姓名____________

11.8.2　指导教师姓名________________________

11.8.3　实验日期________年________月________日

11.8.4　实验名称________________________

11.8.5　原始记录

11.8.6 实验报告

将用小麦A、B、D基因组DNA为探针的荧光原位杂交图片拍照打印后粘贴在实验报告纸上，并进行染色体组型分析和染色体组分析。

实验 12 人类 X 染色质标本的制备与观察

12.1 背景知识及实验原理

1948 年，加拿大神经生物学家 Murry Llewellyn Barr 与学生 Bertram 用猫的神经元进行一项神经生物学研究，但最后却产生了重要的细胞遗传学发现：在雌猫神经元中存在 X 染色质小体（现在我们通常称之为巴氏小体、性染色质小体或 X 染色质），而雄猫神经元中没有。他与学生对更多哺乳纲的代表性动物的不同组织做了观察，结果发现食肉类、偶蹄类、灵长类（包括人类）等动物的不同组织的体细胞中，同样显示这种性别差异。1960 年，Ohno 和 Hauschka 提出 X 染色质小体实际上是一条在细胞分裂间期收缩的异染色质化的 X 染色体。一年后，Lyon 研究了小鼠 X 染色体连锁的皮毛颜色基因突变体，进一步指出异染色质化的 X 染色体可以来自父本，也可以来自母本，并在遗传上没有活性，这种随机失活是为平衡两性之间（XX－XY）性染色体上的基因剂量而采取的一种特殊的调控方式。目前已经知道 X 染色体的失活始于胚胎发育早期，在 X 染色体长臂靠近着丝点的一段序列控制 X 染色体的失活。将这段序列易位到常染色体，也能引起常染色体失活。

但用活体组织来检测 X 染色体总是不方便的。1955 年，Moor 与 Barr 改用口腔黏膜上皮细胞进行检测取得了成功，发明了"颊涂片"，使取材、制片都变得非常简单。1968—1992 年间，X 染色质小体检测曾被国际奥委会用于检测女选手的遗传性别。

X 染色质在正常女性体内位于间期细胞核中，紧贴核膜内缘，大小约 1～1.5μm，呈现三角或椭圆形小体。在实验中通常用口腔黏膜、头发根鞘、外周血细胞等制备 X 染色质。由于取材方便、方法简单，X 染色质检测广泛应用于性别畸形的诊断中。检查羊水细胞的 X 染色质，还可在产前诊断胎儿性别。利用 X 染色质的鉴别技术，可以为性染色体畸形、胎儿早期诊断等提供有益的参考。

12.2 实验目的和要求

了解 X 染色质的形态特征；掌握 X 染色质的制备方法。

12.3 实验材料

（1）女性口腔黏膜细胞。

（2）发根毛囊细胞。

12.4 实验用具和药品

（1）仪器用具：显微镜、牙签、解剖针、载玻片（非常干净）、盖玻片、记号笔、擦镜纸。

（2）药品试剂：无水酒精、95％酒精、70％酒精、冰醋酸、45％乙酸、5mol/L 盐酸、中性树胶、二甲苯、香柏油、卡宝品红染色液、硫堇染色液。

12.5 实验方法和步骤

12.5.1 获取实验材料

(1)女性口腔黏膜细胞:被取样者用水漱口后,以牙签钝头在口腔一侧用力刮取,弃去第一次得到的刮取物,在同一部位继续刮取得到深层的表皮细胞,将它们涂抹在干净载玻片上,反复几次,使玻片上的材料尽量抹厚些。迅速将玻片插入装有固定液的染色缸中固定30min以上,然后取出在空气中晾干。

(2)发根毛囊细胞:拔下女性头发(白发也可以)1～2根,将根部带有完整白色毛囊组织部分置于载玻片中央,滴一滴45%乙酸处理5～10min,待毛发软化后用解剖针将外层毛囊的组织细胞轻轻刮下,弃去毛干,用解剖针将载玻片上的组织细胞摊平,在空气中晾干。

注意点:刮口腔上皮细胞前要漱口;刮取毛囊组织时不宜用力过大,否则可能将毛发上的色素细胞一起刮下,影响制片效果。

12.5.2 染色和制片

(1)卡宝品红染色和制片:

①在晾干的玻片上直接滴上染料,染色10min。注意:染色时间不要太长,否则核质着色深,X染色质体不易区分。

②在95%的酒精中分色1～3min。

③在无水酒精中继续分色2次,每次1min。

④用二甲苯透明2次,每次约3min,直接盖上盖玻片封片(或用树胶封片)后观察。

(2)硫堇染色和制片:

①将晾干的玻片置于5mol/L盐酸中室温水解20min。

②自来水换洗3次,再用蒸馏水漂洗2～3min。

③硫堇染色30min。

④蒸馏水漂洗3s。

⑤70%酒精分色3s。

⑥90%酒精分色1min,无水酒精分色2次,每次1～2min。用二甲苯透明2次,每次约3min,直接盖上盖玻片封片(或用树胶封片)后观察。

12.5.3 镜检

将标本置于显微镜下观察,先用低倍镜观察,可见深色的细胞核,再用油镜观察,这时镜下所显示的结构均为细胞核,细胞膜和细胞质因未染色而看不到。利用男生口腔黏膜细胞制作的装片中的细胞核内物质均匀,但基本观察不到巴氏小体。而用女生的口腔黏膜细胞或者毛囊细胞进行观察,则有一部分的装片可以看到明显的巴氏小体,形状基本为卵形或短棒形(据统计资料,正常女性口腔黏膜细胞中,X染色质约15%,平均16.4%,不超过30%～35%,仅含1个X染色质。男性只有0～3%,平均0.7%)。女生口腔黏膜和毛囊装片中观察到的巴氏小体大多数位于核膜边缘(见图12-1),这是因为在细胞周期的S期中,异染色质比真染色质更晚进行复制,由于它的螺旋化与其他染色体不同步,而被推挤到核膜边缘。

12.6 实验作业

绘制口腔黏膜细胞或发根毛囊细胞X染色质图。

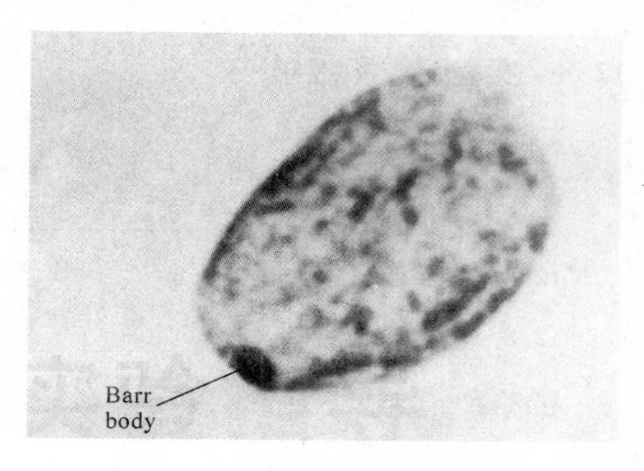

图12-1 紧贴核膜内缘的X染色质

12.7 问题讨论

(1)细胞核中有时杂质较多,如何确认巴氏小体的存在?

(2)是否每个女性细胞中都有巴氏小体?是否都能看到?

(3)男性细胞中一定没有巴氏小体吗?

(4)有没有可能在一个细胞中观察到多个巴氏小体?

12.8 实验记录和报告

12.8.1 学生班级______ 姓名______

12.8.2 指导教师姓名______

12.8.3 实验日期____年____月____日

12.8.4 实验名称______

12.8.5 原始记录

12.8.6 实验报告

将在显微镜下找到的口腔黏膜细胞或发根毛囊细胞X染色质图拍照打印后粘贴在实验报告纸上，并指出X染色质所处的位置。

第二部分　作物育种学实验

实验13　小麦杂交技术

13.1　背景知识及实验原理

小麦是全世界最主要的粮食作物，种植面积占世界谷类作物总面积的1/3左右、总产占粮食的1/4，是世界上40%人口的主食。因此，小麦在粮食生产中占有极其重要的地位，培育高产优质的小麦品种是农业研究中最重要的课题。

杂交育种是现在小麦的主要育种方法，通过基因重新组合，综合不同亲本材料的优良性状，来达到改良植物性状的目的。近代育种理论和技术的发展始于西欧。1719年，T. 费尔柴尔德最早进行植物人工杂交并获得杂种。1823年，T. A. 奈特在豌豆上发现父母本对杂种一代的贡献均等，二代有分离现象。1843年，J. 库尔特首先采用个体选择法进行禾谷类育种。1856年，L. 维尔莫兰明确提出用"后裔鉴定"法检查甜菜的选择效果，后人称之为"维尔莫兰分离原则"。1849年，R. A. 加特纳指出亲本杂交一代、二代之间存在一定关系，并发现不少杂种一代生长健壮。C. 达尔文在《物种起源》(1859)和《植物界异花受精和自花受精的效应》(1876)中所阐明的选择和杂交等与进化的关系，对以后的作物育种工作有深刻影响。

杂交育种对小麦生产的贡献巨大。以诺贝尔和平奖获得者N. E. 勃劳格为首的小麦育种家，曾利用具有日本"农林10号"矮化基因的品系，与抗锈病的墨西哥小麦进行杂交，育成了30多个矮秆、半矮秆品种，引领了20世纪60年代世界上第一次绿色革命的浪潮，使墨西哥、印度、巴基斯坦等许多国家的小麦产量上了一个新台阶。

小麦为禾本科(Gramineae)小麦属(Triticum)植物，它的野生亲缘种拥有丰富的遗传变异库，具有各种优质、抗病虫、抗旱、早熟等有用基因，为杂交育种提供了非常有利的条件。目前普通小麦与山羊草属、偃麦草属、黑麦属、滨麦属、大麦属等都已杂交成功。

了解小麦的开花习性对杂交成功与否非常重要。普通小麦为复穗状花序，小穗互生在穗轴上排成两行，每小穗基部着生两枚颖片(俗称护颖)。小穗轴上着生3～9朵小花，上部小花退化，一般仅下部2～4朵小花能结实。小花外围有内外颖各一，外颖有时带芒，其内侧着生鳞被两个，开花时膨胀使颖片裂开。每朵小花有雄蕊3枚，花粉粒光滑而呈球形，雌蕊1枚，柱头二裂呈羽毛状。

小麦是自花授粉作物，抽穗后通常3～5d开始开花，亦有抽穗后当天开花的，或迟到10d以上开花的，主要受温湿度高低的影响。小麦昼夜都能开花，但以白天为多。一般品种在一昼夜的开花过程中出现两次高峰，第一次在上午 9～11 时，第二次在下午 3～5 时，夜间温度低，所以开花数较少，中午气温较高，相对湿度较低，开花过程受到抑制，有的品种在温度较高时只出现一个开花高峰。

开花时通常上中部的小穗先开花，逐次分别向穗的上部及基部开放。在正常情况下一朵小花从开放到闭合约需 8～30min。第一天开花较少，第二、第三天开花最多，开花完毕约需 3～5d。全株开花持续 8d 左右。授粉后 1～2h 花粉开始发芽，经过 1～1.5d 受精完成，在适宜条件下柱头生活力可达 8d。但经 3～4d 后，授粉结实率将有所下降。

小麦开花最适温度为 18～20℃；最适相对湿度为 70%～80%。开花期间雨水过多、日照不足、温度低于 9℃或超过 30℃，开花会减少或停止开花。

13.2　实验目的和要求

(1)了解小麦花器结构和开花习性；了解小麦主要近缘种的形态特征。

(2)练习小麦杂交技术。

13.3　实验材料

几个普通小麦(*Triticum aestivum* L.)品种盛花期植株。

13.4　实验用具

剪刀、镊子、玻璃纸袋、小塑料牌、铅笔、回形针、瓶盖。

13.5　实验方法和步骤

13.5.1　选穗及整株

(1)选具有典型性状、健壮无病虫害的植株作母本。

(2)选取已抽穗但尚未开花、中部小穗的花药呈黄绿色的麦穗。

(3)用剪刀剪去上下发育不良或过嫩的小穗，有芒品种剪去芒，每穗留中上部小穗 8～10 个。

(4)用镊子夹去小穗上部的小花，每小穗只保留基部外侧两朵小花。

13.5.2　去雄

去雄从穗一侧的上部小穗开始顺序而下，一侧去雄完毕，再进行另一侧的去雄工作，以免上部小穗的花药落在下部已去雄的小穗中，同时防止遗漏。常用的去雄方法有：

(1)剪颖法：用剪刀剪去小花上部 1/3 左右的颖壳，然后用镊子从剪口处小心取出 3 枚花药，注意不要碰伤柱头和花柱，否则就会影响受精功能；同时注意不要夹破花药，以免自花授粉。取出花药时如果发现花药已破裂，则应该除去该小花并将附在镊子上的花粉擦拭干净。去雄完成后立即套上纸袋，挂上小塑料牌，写明母本品种名称、去雄日期、操作者姓名等。这种方法去雄和授粉都较方便，目前使用最多。

(2)裂颖法：用左手中指和大拇指夹住麦穗，食指从小花颖壳的顶端轻轻压下，使内外颖张开，然后用镊子取出三枚花药后套上纸袋。这种方法不损伤花器，有利于种子发育，但去雄略难且不便于授粉，目前采用较少。

13.5.3　授粉

去雄后最好在1～3d内授粉，时间过长，雌蕊老化，会失去受精能力。授粉时间应与父本开花时间一致，一般上午8～9时开花最旺盛，最适于授粉。但晴天温度适宜时从上午7时到下午5时都可以进行授粉，只要花粉取得好，结实率不会有明显差异。授粉的方法有：

(1)抖粉法：选取中上部刚开过花的父本麦穗，用手从下到上轻轻捋几下，以去除已开的花药和花粉，并刺激待开的小花开花。等到新鲜花药吐出后，剪取麦穗移至已去雄的母本穗上方，从隔离纸袋上方开一口，再将麦穗倒置放入袋中并与母本穗平行，迅速捻转父本穗柄使成熟花粉充分散入母本花朵，随后即可取出父本麦穗。如欲增加花粉供应量，也可在一天后取出。此法简便迅速，在父本花粉供应充足时可以采用。

(2)典型授粉法：在父本材料较少的情况下，可用镊子夹取近成熟花粉进行授粉。方法是从已开过花的小花的上部或下部的小花中，用镊子小心夹出快要吐丝的各三枚黄色花药，放入干净的瓶盖中。花药见光后很快就会开裂，散出花粉，此时就可用镊子挑取花粉投入母本去雄的花朵中。如花药较嫩，不能很快散粉，也可用镊子在每朵母本小花中投入一枚父本花药。

授粉完毕将纸袋封好或套好，并在小塑料牌上注明杂交组合和授粉日期。

13.6　实验作业

每人选择3个穗子去雄，其中两个进行授粉，一个不授粉作为对照。调查结果，完成实验报告。

13.7　问题讨论

(1)不同植物开花后其花粉寿命是否相同？

(2)柱头的生活力怎样？受精时需要多少花粉落在柱头上面？

(3)为什么不同种属间杂交结实率比较低？

13.8 实验记录和报告

13.8.1 学生班级______________姓名______________

13.8.2 指导教师姓名____________________________

13.8.3 实验日期________年________月________日

13.8.4 实验名称____________________________

13.8.5 原始记录

13.8.6　实验报告

每人选择 3 个穗子整序、去雄，对其中的 2 个进行授粉，另一个不授粉作为对照。调查结果，填入下表，并作分析。

授粉方法	组合	杂交(去雄)花数	结实籽粒数	结实率(%)
普通授粉法	有芒×无芒			
去雄对照	有芒或无芒			

实验 14 水稻杂交技术

14.1 背景知识及实验原理

我国有 60%的人口以稻米为主食,我国稻米消费量占全部粮食消费量的 40%。因此,水稻是我国最主要的粮食作物,培育高产优质的水稻新品种在我国具有非常重要的意义。

从 20 世纪初期发现自花授粉的水稻存在少量的异花授粉现象后,国外就有学者提出用人工授粉培育新品种的设想,1910 年以后开始对水稻杂交育种进行系统的研究,但直到 20 年代末用杂交方法育成的杂交品种仍不多见,但已表现出巨大的增产潜力。如日本通过杂交育种获得的水稻良种平均增产 16.2%,而用纯系育种方法育成的品种增产率仅为 9.0%。在中国,中山大学最早开始水稻杂交育种试验研究,并在 20 世纪 30 年代前期育成"中山 1 号"水稻良种。从那时候起,中国学者广泛借鉴国外成果,对水稻杂交育种的各个环节进行了广泛探讨,并应用到杂交育种的实践中。

杂交所用亲本的开花期必须相遇,才能进行杂交。如果双亲在正常播种期播种时花期不遇,则需要用调节花期的方法使花期相遇。方法之一是采用分期播种法,将早开花亲本晚播,晚开花亲本早播,或将母本适时播种,父本分期播种,调整花期。另一种方法是利用光照处理,由于水稻为短日照植物,缩短或延长每天的光照时间,可促进或推迟开花。卢守耕介绍了应用短日法以使早中晚稻间可相互杂交的方法:"水稻品种之开花期,早晚至不一致。故在自然状态下,其可能相互杂交之组合不广。若利用人工短日法,于一定时期内,每日于午后四时用黑布罩覆之,至翌日早晨八时去之,使每日受光八小时,则不论早中晚稻均能于同一时期开花,而得互相杂交之范围为之扩大。即如菲列宾、印度等水稻品种,在中国中部自然状态不能开花或成熟者,如有一二特性可利用,亦得以短日法可与本国种杂交。至欲早中晚稻同时开花,应于何期施行短日法,最为适当而省工,据作者试验,以六月一日起至六月卅日或六月一日至七月十五日,最为适当。"

准备用作母本的材料,必须防止自花授粉和天然异交。为此需要在母本雌蕊成熟之前人工去雄并进行隔离。

去雄是杂交育种中难度最大、技术要求最高的工作。20 世纪 30 年代以前,杂交去雄主要采用夹除雄蕊法,最早应用这一方法的是 Mendiola,Torres 在菲律宾及爪哇等地推行,其方法为:第一日下午用剪刀剪去稻颖上半部,然后用钳子拔去所有花药,再用透明纸袋封闭,第二日早晨采集新鲜成熟的花粉,用小钳挑落在去雄稻花的柱头上。这一方法传入中国后,国内学者进行了研究和改进。赵连芳主张"在去雄前将下部小穗剪去,仅留上部十四五个小穗。因为稻穗上部小穗易于结实,而且能在 1d 内开花,授粉较为方便。而稻穗下部小穗常不实,且与上部小穗开花期相差数日。稻穗出鞘长约一寸时,即开始去雄,去雄的适当时间为上午七时半以前或下午五时以后,否则雄蕊在太阳下一经震动即易破裂。去雄方法为用小剪将稻颖自顶部平行剪去约 1/4,然后用弯钳将雄蕊轻轻钳去,各花全部去完后,用玻璃纸袋罩好以隔绝外来花粉"。

上述剪除花颖顶端的去雄方法即剪颖除雄法，在最初数十年应用最为普遍。但该方法会导致稻颖上端暴露，影响稻花发育。梁光商综合国外研究成果，提倡在去雄前通过套袋促使母本稻穗提前开花，方法为：先调查母本开花时间、开花日期及温、湿度，然后选定将于当日开花最多之穗，于标准开花前1～2h，用橙色纸袋覆套在穗上，于袋内下方即穗之基节处，包以湿水脱脂棉一小片以保适湿，封闭袋口。该方法被称为开颖除雄法，其原理在于利用温度增高，同时保持适湿以促进提早开颖，而影响开颖与影响花药开裂的因素不同，所以颖虽开而药不裂，这时除雄授粉可不伤害生殖器官。套袋后，至自然状态的稻穗开始开花前将袋移去，此时颖花盛开，花药虽突出，而未开裂，这时立即用小钳子将花药悉数除去。但去雄时，要除净雄蕊，不破粉囊，并勿触动柱头。去雄时要注意避免机械损失及外界花粉的传播。去雄后用放大镜检视柱头是否完好，而后用透光纸袋封闭，并用湿水棉包于穗基部，以保持适宜的湿度。

20世纪30年代以前，夹除雄蕊法在水稻的人工杂交育种中应用最为普遍，但用该法除雄难以同日进行，杂交效率低，容易损伤稻花，杂交后代结实率不高，种子发育不完全，发芽百分率低，难以满足对杂交种子的大量需求。

1934—1938年间美国Jodon试验成功一种新的水稻去雄技术——温汤去雄法，即将稻穗浸入40～44℃热水中，经10～12min，在1000朵用该法除雄的稻花中，仅发现一粒结实。这一结果发表后，立即得到了中国育种界的关注。众多育种学家根据当地的自然条件和稻的品种特征，对温汤去雄法的技术、效果等进行了试验和改进。1938年，湖南省农业改进所对这一新方法进行了试验，结果表明，稻穗浸没时间长短与杀雄力大小关系不明显，而水温以42℃及44℃杀雄力最强，尤以44℃与浸没时间10～15min的处理效果最好。经此处理后，其自花结实率为零，异花授粉结实率平均高达81%，而且所得种子与自花受精完全相同，因此发芽率很高。

经数年试验，证明温汤去雄法效率高，效果好，且适合中国各地。此后这一方法的应用日趋普遍，成为水稻杂交中的常用去雄技术，并沿用至今。而剪颖法的着粒率虽然不如温汤去雄法高，但简便易行，在近代仍然是水稻杂交去雄的最重要方法。

到20世纪70年代，我国在三系法水稻杂种优势利用的同时，还开展了水稻化学杀雄（简称化杀）制种研究，相继研制成功了杀雄剂1号（甲基砷酸锌）和杀雄剂2号（甲基砷酸钠）。但化杀制种产量偏低、种子纯度不高这一关键问题一直未能较好地解决，严重影响了该技术在生产上的应用。而同时期由国际水稻研究所的科学工作者创造的真空去雄器，却因为去雄速度快、不易损伤柱头而在水稻去雄中得到较大程度的推广。

杂交的最后一个环节是授粉。授粉可在去雄后15～24h进行。母本去雄后在4d内还有受粉的可能，但以1～2d内授粉为最佳。水稻的人工授粉时间，以上午9：00～10：00结实率最高，授粉温度以30℃左右、湿度70%至80%为宜，以利于花粉发芽。授粉不宜用毛笔或小刀等器具蘸花粉接种，否则易损伤柱头，降低结实率。可以在花丝伸长、花药适开的时候，剪一小穗直接置于已除雄的柱头上，轻轻振动，花粉即落入柱头上。授粉后将纸袋套上，并在标记牌上记明父母本名称及去雄、交配时期等。以后数天内要经常将纸袋上提少许，以免稻穗完全抽出后顶着袋底，弯曲不伸，而妨碍受精作用及幼芽发育。

授粉后，要将其余未开花的小穗全部剪除。杂交后3周左右，子房完全成熟，种子充实完整，即可收获。

14.2　实验目的和要求

(1)了解水稻花器结构和开花习性;了解水稻主要近缘种的形态特征。

(2)练习和掌握水稻杂交技术。

14.3　实验材料

几个水稻(*Oryza sativa* L.)品种的开花期植株。

14.4　实验用具

温度计、热水瓶、不透明纸袋、剪刀、镊子、小塑料牌、铅笔、回形针、热水。

14.5　实验方法和步骤

14.5.1　选穗

选取母本品种生长健壮、无病虫害、前一天已开过几朵颖花的稻穗作为杂交材料。

14.5.2　去雄

(1)温汤去雄:温汤去雄就是用42～46℃的温水处理3～7min,以43℃的温水处理5min的效果较好。在自然开花半小时前,将热水瓶装满,把选好的母本稻穗浸入瓶中,稻穗与热水瓶相对倾斜,注意不要折断穗颈和稻杆,5min后取出稻穗,稍晾干后就有颖花陆续开放,其花粉已被烫死。未开放的颖花其花粉不会全部烫死,所以温汤处理后,要将未开的颖花全部剪去,仅留下开放的颖花。由于开放颖花过一段时间后即会关闭,为便于授粉,一般将颖花顶端(约1/3处)剪去。整穗时防止剪伤开放的颖花及穗枝梗,整穗后随即套上纸袋并用回形针扎牢,以防非父本品种花粉串粉。

(2)剪颖法:先整穗,将穗部已开放的颖花和幼嫩的当天不会开放的颖花剪去(可将颖花对光观察,已开颖花不见花药;幼嫩颖花花药在颖花基部,花丝未伸长)。然后用剪刀逐一剪去当天可开花的颖花(对光可见花丝已伸长,花药达颖壳2/3处)颖壳顶端的1/3(注意勿剪伤柱头),使花药外露,随即用镊子摘除所有花药并套袋隔离。去雄时应注意不要碰破花药和碰伤雌蕊。如有碰破则应除去该小花并用70%酒精将镊子擦洗干净,彻底除去镊子上可能附着的花粉。

(3)真空去雄器去雄:其原理是利用一尖嘴玻璃吸管,通过橡皮塞、玻璃瓶与一真空抽气机相接,利用抽气时在玻管口所产生的负压吸取花粉。具体方法是:先调整真空去雄器的负压,一般速率以2L/s为好。然后将玻管吸嘴触及经预先剪颖的颖壳裂口处将花粉全部吸入玻璃瓶中,再将去雄的穗子套袋隔离。

14.5.3　授粉

通常有两种方法,一种是抖粉法,即在自然开花时,将正在开花的父本稻穗轻轻剪下,移至已去雄的母本穗的上方,用手转动,使花粉落在母本的柱头上,连续2～3次。这种方法一般结实率可达50%～60%,但需较多的父本穗子。另一种是用镊子夹取父本成熟的花药(刚开花而未散粉的花药或未开花但雄蕊伸长达颖壳2/3以上颖花的花药)放入已去雄的母本颖花内,使花粉散落在母本柱头上,注意不要损伤母本的花器。这种方法一般结实率可达50%以上。

14.5.4　挂牌

授粉后的稻穗仍需套袋，并在母本植株上挂上小塑料牌，用铅笔预先写明组合名称、杂交日期、授粉颖花数及工作者姓名。一般杂交后20d左右种子就具备发芽能力，应及时收获。

14.6　实验作业

每人分别用温汤去雄法和剪颖法各去雄2穗进行杂交，经20d后，检测杂交结实率。用只去雄不授粉作对照，检验去雄是否彻底。

14.7　问题讨论

(1)水稻的杂交方法与小麦有什么区别？为什么？

(2)水稻和小麦的柱头都是二列羽毛状的，一朵小花上实际上有无数的小柱头，每个柱头都能接受花粉，而它们的胚胎是单性胚，只能有一个花粉管进入胚胎中发生双受精，那么，到底哪个花粉管有“资格”参与双受精呢？

14.8 实验记录和报告

14.8.1 学生班级______________姓名______________

14.8.2 指导教师姓名____________________________

14.8.3 实验日期________年________月________日

14.8.4 实验名称________________________________

14.8.5 原始记录

14.8.6 实验报告

每人分别用温汤去雄法和剪颖法各去雄 2 穗进行杂交，经 20d 后，检测杂交结实率。用只去雄不授粉作对照，检验去雄是否彻底。

杂交方法	杂交日期	杂交颖花数	结实数	结实率	备注

实验 15 棉花的自交与杂交技术

15.1 背景知识及实验原理

棉花,是锦葵科棉花属植物,原产亚热带。作为重要的纺织原料,棉花是世界上最重要的经济作物之一。目前世界上的栽培棉花主要有四个品种:亚洲棉、非洲棉、陆地棉、海岛棉。其中栽培最广泛的是陆地棉,其产量约占全世界棉花总产量的 90%。在我国,棉花是仅次于粮食作物的第二大农产品,目前约有 4600 万户、1.2 亿农民从事棉花种植。陆地棉是我国的主要棉花栽培品种。目前世界上棉花的主产国有美国、中国、印度等。

棉花原产于印度和阿拉伯。在传入中国以前,中国只有可供充填枕褥的木棉(木棉花鲜艳异常,如同欢快跳跃的火苗,历来被认为是英雄的象征),而没有可以织布的棉花。宋朝以前中国只有丝字旁的"绵"字,没有木字旁的"棉"字,"棉"字最早是在《宋书》中才开始出现,可见棉花的传入至迟在南北朝时期。中世纪时,棉花也是欧洲重要的进口物资。那里的人自古习惯于从羊身上获取羊毛进行纺织。因此,当听说棉花是从地里种植出来时还以为棉花来自一种特别的羊,这种羊是从树上长出来的,所以德语里"棉花"一词的直译是"树羊毛"。

近年来,杂交棉花在全世界范围内越来越得到认可,推广种植面积越来越大。在同等种植条件下,杂交棉由于有不同亲本的杂交优势,比常规棉花能增产 10%~30%。含有 Bt 蛋白等的抗虫棉品种大大降低了杀虫剂的使用,减轻了劳动强度,同时又起到良好的防虫效果。因此杂交棉花在农户中非常受欢迎。

棉花属于两性完全花,有雄蕊和雌蕊,属常异花授粉作物,天然异交率与传粉昆虫的数量有关。在正常环境下,异交率一般为 3%~20%。因此,为避免生物学混杂导致品种纯度下降,必须对种植的棉花品种进行严格的自交,以保证种质资源的纯度。

棉花的每朵花由花柄、苞片、花萼、花冠、雄蕊和雌蕊等组成。一朵花通常有 60~90 个雄蕊,雄蕊由花丝和花药构成。花丝基部联合成管状,与花瓣基部相联结,包于雌蕊的外面,成为雄蕊管。花药着生在花丝的顶端,多为乳白色和乳黄色,成熟时则产生大量花粉粒。花粉粒为圆形,表面有很多小刺,容易粘在雌蕊的柱头上,每个花粉内约有几百到上千个花粉粒。

雌蕊位于花中央,由柱头、花柱、子房三部分组成。柱头是雌蕊顶端接受花粉的部分,上有纵棱,陆地棉 4~5 棱,海岛棉 3~4 棱。花柱基部联结子房,是花粉管进入子房的通道,对促进花粉管的生长起着重要作用。子房由 3~5 个心皮组成,将来发育成 3~5 瓣花瓣。子房内分 3~5 室,每室中轴胎座上着生胚珠两排。一个子房内最多可着生 50~60 个胚珠,每个胚珠受精后将来可发育成 1 粒种子,子房长大即是棉铃。

棉花开花由下而上、由内而外、呈圆锥形顺序进行。开花的时间间隔,一般相邻两果枝的同节位花相隔 2~4d,同一果枝相邻的花期相隔 5~7d。盛开期为上午 8 时到 11 时,下午 3 时到 5 时。最适宜授粉的时间是上午 9 时到 11 时。

15.2 实验目的和要求

了解棉花花器结构和开花习性;了解生产上常见的棉花栽培品种及其主要形态特征;掌

握棉花的自交和杂交技术。

15.3　实验材料

不同陆地棉品种。

15.4　实验用具

棉线、小塑料牌、铅笔、彩绳、回形针、毛笔、瓶盖。

15.5　实验方法和步骤

15.5.1　棉花自交技术

选择具有该品种典型性状的植株，选取次日开放的花朵，做如下处理：

(1)线束法：用长约10cm的棉线将花朵顶部扎住，注意不能扎得太紧，以免切断花冠，也不能扎得太松，使花冠容易张开。棉线的一端应系住花柄，收获时作为自交铃的标记。

(2)钳夹法：将回形针略分开成“人”字形，从花冠顶部向下直夹，以免花朵次日开放。在铃柄上系上彩绳作为标记。

15.5.2　棉花杂交技术

(1)选株选花：选择生长良好的典型棉株作为母本株，选择中部果枝上靠近主茎的花朵用于杂交，以提高杂交成铃率。

(2)去雄：于授粉的前一天下午3时以后，从棉株上选取花瓣伸出苞叶、颜色变为黄色、预计在第二天开放的花蕾(即花朵已长大，花冠仍为旋形且折叠未开者)进行去雄。用左手捏住花冠基部，右手拇指指甲从花萼中部凸出部位切入至子房壁外膜，然后与食指、中指同时捏住花冠，一同向右向后旋剥，并稍用力向上提，把花冠连同雄蕊一起剥下，只留下雌蕊。剥花时要掌握好手法，下手要轻、准、稳，不可伤及子房、柱头和花柱。去雄后，用顶端带节的3cm左右长的麦管或塑料管套住柱头，一直压到子房上端，但麦管上端有节的部分需离开柱头1cm以上。套好麦管后，挂上塑料牌，写明父母本名称、杂交日期、班级、姓名。

(3)授粉：棉花的盛开期为上午8时到11时，下午3时到5时，最好在上午8时之后进行授粉，如果遇到下雨天或者湿度过大，可将花粉收集保存等雨停后及时授粉，但要注意棉花花粉活力维持较差，只可当天使用。授粉时将开花良好、花粉量大的父本花朵摘下，将花瓣往外翻，取下母本柱头上的麦管，用父本的雄蕊在母本柱头上轻轻涂抹几下，就可完成授粉。也可将父本的花粉置于瓶盖中，用毛笔将花粉刷到柱头上。但换不同父本时，也要将瓶盖和毛笔换掉，防止花粉混杂。授粉后，再用麦管套好柱头。

(4)成铃率统计：杂交10d后，调查成铃数，统计并计算成铃率。

15.6　实验作业

每人自交30朵花，每人做30个杂交铃。将实验结果填入实验报告。

15.7　问题讨论

(1)为什么棉花的自交技术也很重要？

(2)为什么不用三系方法培育杂交棉？

15.8　实验记录和报告

15.8.1　学生班级______________**姓名**______________

15.8.2　指导教师姓名______________________________

15.8.3　实验日期________**年**________**月**________**日**

15.8.4　实验名称__________________________________

15.8.5　原始记录

15.8.6 实验报告

将自交和杂交结果分别填入表 15-1 和 15-2 中，并对实验结果进行评述。

表 15-1　棉花自交记录

项目		项目	
品种名称		成铃率(%)	
自交日期		收获籽棉重量(g)	
自交数量		收获种子重量(g)	
成铃数量		不孕籽率(%)	

表 15-2　棉花杂交记录

项目		项目	
母本名称		成铃率(%)	
父本名称		收获籽棉重量(g)	
杂交日期		收获种子重量(g)	
去雄花蕾数量		不孕籽率(%)	

实验 16　油菜的杂交和自交技术

16.1　背景知识及实验原理

凡是栽培用于收籽榨油的十字花科(Cruciferae)以芸薹属(Brassica)为主体的植物，统称为油菜。所以油菜不是一个单一的物种，而是包括芸薹属及十字花科其他属的许多物种。在1956年8月全国油菜试验研究会议上，以刘后利教授为代表的与会者把广泛分布于我国各地和从国外引进的各种类型油菜，从形态学角度以农艺性状为基础划分为3大类型：白菜型油菜(*Brassica campestris* L.，$2n=20$)、芥菜型油菜(*Brassica juncea* Coss L.，$2n=36$)、甘蓝型油菜(*Brassica napus* L.，$2n=38$)。其中，白菜型油菜和芥菜型油菜是我国的土著种，而甘蓝型油菜是在20世纪30年代中期我国从日本和欧洲引进的。因为产量较高，至解放后我国的油菜生产以甘蓝型为主，约占油菜总播种面积的90%，油菜育种也以甘蓝型油菜为主开展系统研究。育种初期主要以引进品种中的单株选择为主，到20世纪60年代以后逐渐过渡到以杂交育种、远缘杂交和杂种优势利用为主。

油菜的杂交育种主要是指品种间杂交，一般通过性状互补亲本间杂交将分别存在于不同亲本的优良性状组合起来，育成具有综合优良性状的新品种。大多数甘蓝型和芥菜型油菜是自交亲和的，可以采用系谱育种法，从杂交开始到新品种育成后注册、审定为止，一般需时8～10年，如华油8号的育种程序(刘后利、熊秀珠，1972)为：

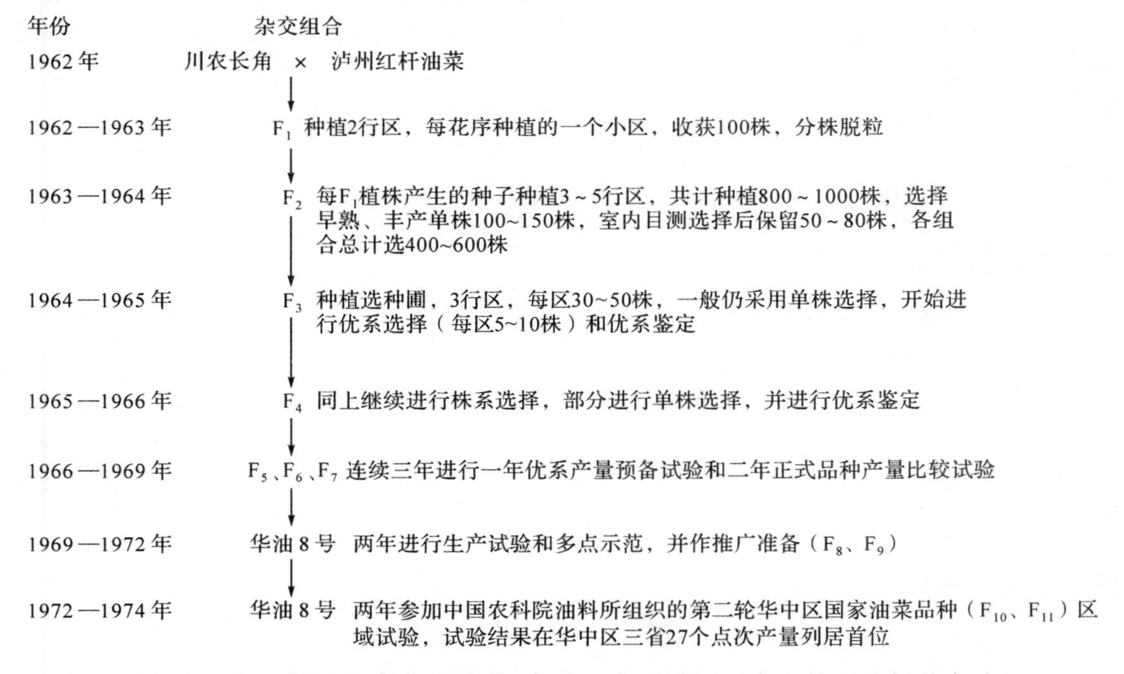

但对于自交不亲和性强的白菜型油菜，育种上主要采用回交和轮回选择的方法。

油菜的远缘杂交是指在不同种间进行杂交，因属、种、变种间遗传基础不同，杂交亲和性也有显著差异，如 *B. oleracea*(n=9,cc)与 *B. napus*(n=19,aacc)、*B. campestris*(n=10,aa)、*B. juncea*(n=18,aabb)杂交，高度不亲和；*B. campestris*(n=10)与 *B. napus*(n=19,aacc)、*B. juncea*(n=18,aabb)杂交，亲和性较高，但一般结实很不正常，但采取生物学措施(如组织培养)，可以适当克服杂交不亲和性和杂种不育性。日本(Shiga,1970)通过 40 余年的种间杂交育种已育成了 40 多个品种(如农林系统的 40 个品种)，其中 15 个品种来自甘、白种间杂交。中国自 50 年代中期开展甘、白种间杂交育种研究以来，也育成了一批甘蓝型新品种(刘后利,1958,1960)。瑞典 Olsson 和 Elerstrum(1980)采用人工合成甘蓝型油菜，通过甘蓝(*Brassica Oleracea* L.)和白菜(*B. chinens* L. 或 *B. campestms*, var. *chinens* L.)杂交后双二倍体化，得到了人工合成或半人工合成杂种，并已育成了一批新品种。以上这些国家都把种间杂交发展成为常规的育种方法。

油菜的杂种优势利用是根据亲缘关系较远或地理和生态类型差异较大的品种之间的杂交组合优势较强的特点来实现高产等育种目标，并在技术上利用自交不亲和系、化学杀雄、细胞质雄性不育系、光温敏雄性不育系、核雄性不育系等来配制杂种，以免除大量的人工杂交工作。

油菜为总状无限花序，具有花期长(30d 左右)、花龄长(3～5d)、花器外露等特性，有利于传粉结实。花朵有花萼和花瓣各四片，开花时四片花瓣相交成十字形，雄蕊六枚，四长二短，称四强雄蕊。花药二室，雌蕊一枚，花柱较短，柱头二裂。在子房周围有四个蜜腺，果实为角果，每角果内有种子 10～30 粒。

油菜开花顺序，就全株说，主轴先开，其次第一分枝，然后第二分枝，依次开放。就一个花序说，不论主轴、分枝，都是由下而上依次开放。花轴随花蕾的开放而不断伸长。主轴开花期常延长至半月以上，全株开毕约需 20～30d。一朵花从花萼开裂至花瓣闭合约需24～30h。从开花到花瓣及雌雄蕊全部凋萎约需 3～5d。雌蕊生活力较强，开花当天及开花后各 2d 内均能受精结实。开花受气温影响很大。气温高，开花数增多，每天上午 9 时至下午 3 时为开花盛期，一天中以上午 9～11 时所开的花结实率最高。开花的温度范围在 12～20℃之间，而以 14～18℃左右最适宜。每日开花数量与开花前 1～2d 温度高低有关。油菜的花粉落在柱头上 45min 后即可发芽，授粉后 18～24h 即可完成受精。

16.2　实验目的和要求

(1)了解油菜花器结构和开花习性；了解油菜三个种的形态特征。

(2)练习油菜的杂交和自交技术。

16.3　实验材料

白菜型油菜(*Brassica campestris* L.，$2n$=20)、芥菜型油菜(*Brassica juncea* Coss L.，$2n$=36)、甘蓝型油菜(*Brassica napus* L.，$2n$=38)各一个种。

16.4　实验用具

剪刀、镊子、大玻璃纸袋、小塑料牌、铅笔、回形针、瓶盖。

16.5 实验方法和步骤

16.5.1 自交

(1)套袋自交:甘蓝型和芥菜型油菜一般自交亲和性强,套袋即可得到自交种子,手续简便易行。

先在田间选具有该品种典型特征的健壮植株,摘去主花序已开发的花朵,套上纸袋。然后挂上小塑料牌,注明品种名称、自交符号和套袋日期及工作者姓名等。套袋后每隔两天需将纸袋向上提升,以利于花序延伸。待顶端花朵开花完毕,大部分花瓣已脱落,即可取下纸袋,以利角果和种子发育。

(2)人工剥蕾自交:白菜型油菜和甘蓝型油菜的自交不亲和系,在开花前1～2d柱头即形成一种由特殊蛋白质组成的"隔离层"。它作为一种"感受器"能识别和阻止相同基因型花粉发芽但不妨碍与不同基因型花粉受精。起源于绒毡层的花粉外壁蛋白也具有这种能力。对这类自交不亲和性很强的油菜,一般的套袋自交很难得到种子,必须在柱头未形成这类蛋白质的蕾期选株自交方可获得自交种子。

剥蕾自交的具体方法是:先在田间选典型健壮植株,按前述方法套袋隔离。自交时可选用开花前2～4d的幼蕾,用镊子将花蕾顶端剥开,使柱头外露,随即授以同株当天开放花朵的花粉。一般每花序可剥15～20个花蕾,其余未经自交的所有花朵和花蕾均应摘除,然后套上纸袋,挂上小塑料牌并标明自交符号、套袋日期及工作者姓名。

近年有探索用喷洒化学药剂使隔离层蛋白溶解、沉淀和变性从而克服自交不孕的方法。经试验,10%NaCl、75%酒精+10%NaCl以及75%酒精+10%NaCl+50mg/L赤霉素均有同样效果。从成本考虑以10%NaCl为好。具体方法是用10%NaCl喷洒当天开放的花朵,5～10min后授以自花花粉。其他过程与剥蕾自交相同。

16.5.2 杂交

(1)父本隔离:选择生长健壮的父本植株,除去已开放的花朵,套上纸袋,以免父本花粉中混有其他花粉。

(2)去雄:在母本花序上除去过小的花蕾和已开放的花朵。选次日将开放花蕾去雄,去雄时先以镊子尖端分开萼片和花瓣,小心地将6枚雄蕊除去,然后套上纸袋,悬挂小塑料牌,注明母本名称、去雄日期、花朵数、工作者姓名等。

(3)授粉:通常在去雄次日,收集父本花粉于母本柱头上。授粉完毕仍将纸袋套上。在小塑料牌上注明父本名称、授粉日期。然后用小竹竿作为花轴支柱以免风吹引起花轴折断。

(4)管理:杂交完毕后,应时常观察。因油菜花序不断伸长,需注意将纸袋向上移动,以防顶破,过一周后除去纸袋,使角果充分接受阳光,流通空气,以利发育。

16.6 实验作业

(1)完成3个单株的自交实验。

(2)完成3个杂交组合的实验。每个组合共做3个花序,每个花序去雄15个花蕾。

(3)完成实验报告。

16.7 问题讨论

(1)油菜杂交有什么特点?

(2)自交不亲和性是如何产生的?

16.8 实验记录和报告

16.8.1 学生班级______________姓名______________

16.8.2 指导教师姓名____________________________

16.8.3 实验日期________年________月________日

16.8.4 实验名称________________________________

16.8.5 原始记录

16.8.6　实验报告

(1)将 3 个单株的自交实验结果填入表 16-1 中。

表 16-1　油菜自交实验

自交单株编号	自交花蕾数	套袋效果检查	角果发育检查	结实角果数	收获种子粒数

(2)将 3 个杂交组合的实验结果填入表 16-2 中。

表 16-2　油菜杂交实验

杂交组合	杂交花朵数	结实角果数	平均每角结实数	杂交收获种子数

(3)对实验结果进行评述。

实验 17 玉米的自交与杂交技术

17.1 背景知识及实验原理

玉米是过去 5 个世纪里发展最快的作物。自哥伦布将其带离美洲后，迅速在欧洲、亚洲、非洲和大洋洲得到广泛种植。目前世界主要玉米生产国是美国和中国，2007 年两国的收获面积合计占世界的 40%，生产了世界 61.7%的玉米。

玉米在我国具有悠久的栽培历史，因其喜暖湿气候，在我国大部分地区都适宜种植。它作为我国三大粮食作物之一，是人类和畜禽的重要食物来源，同时也是重要的工业和医药原料。随着优良杂交种的推广应用和综合配套栽培技术水平的提高，我国玉米生产得到较快发展，无论是播种面积，还是单产和总产量均呈稳定增长的趋势。1996 年和 1998 年我国玉米的总产量甚至超过了小麦，成为继水稻之后的第二大粮食作物。

玉米为禾本科(Gramineae)、玉蜀黍属(Zea)植物。雌雄同株，雌雄花着生在植株的不同部位上。

雄花序着生于植株顶端为圆锥花序，花序由一个明显的主轴和许多通常不分枝的第一级侧枝组成。穗枝梗仅生长 2 行成对排列的小穗，通常每个小穗两侧各着生 1 片颖片，两颖片间生长有 2 朵雄花，每朵雄花有膜状的内外颖各一，3 个雄蕊和 1 个退化的雌蕊，2 个鳞片，每个花药约有花粉 2500 粒，一个雄花序能产生 1500～3000 万颗花粉粒。

雌花序一般只着生于植株第 6～7 节叶腋间，为肉穗花序。果穗是一个变态的侧枝。具有缩短了的节间，枝上每节生一变态叶即苞叶，苞叶紧裹着果穗。雌小穗成对作纵行排列于穗轴上，每一小穗基部有 2 片颖片，其中有 2 朵小花，一朵为不孕花，只有内外颖和退化的雌雄蕊痕迹；另一朵为正常花，包括内外颖和一枚雌蕊，能正常结实。柱头很长呈丝状，花丝顶端二裂，花丝各部分均具授粉能力。

玉米为异花授粉作物。一般雄蕊较雌蕊早 4～5d 抽出。抽穗后 2～5d 开花，穗轴顶端的小花先开放，然后是各穗梗外缘的小花开放，逐日依次向内开花。雄花序一般 7～10d 开完，第 2～5 天开花最盛。一天中开花时间在上午 8～11 时，以 9～10 时最盛。玉米雄穗开花的适宜温度为 25～28℃，温度低于 18℃或高于 38℃时雄花不开放。开花最适宜的相对湿度为 70%～90%，超过 30℃和相对湿度在 60%以下时开花甚少。在田间条件下，花粉生活力一般可维持 8～12h。14h 以后生活力急剧下降。

雌穗开花(即指花丝的伸出)，一般果穗中下部小穗先开，依次分别向穗轴上部、下部延伸，以顶部小穗开花最迟。一般花丝从苞叶中全部伸出约 2～5d。花丝伸出后，即有受精能力。柱头生活力可维持 10～15d，但以花丝全部伸出后 2～5d 授粉最好，花丝没有授粉时仍会继续伸长，有时可长达 40cm 左右，并保持新鲜色泽。授粉后，花丝便很快地干萎变成深褐色。花粉落到雌蕊的花丝上，约经 6h 开始萌发，授粉后 24h 完成受精。受精 20d 后的种子便具有发芽的能力。

17.2 实验目的和要求

(1)了解玉米花器结构和开花习性。

(2)练习和掌握玉米自交和杂交技术。

17.3 实验材料

几个不同类型的玉米(*Zea mays* L.)品种和自交系。

17.4 实验用具

35cm×20cm 牛皮(或羊皮)纸袋、16cm×12cm 纸袋、棉纱线、小塑料牌、剪刀、酒精、脱脂棉、铅笔、回形针。

17.5 实验方法和步骤

17.5.1 自交法

在田间选择优良的植株,当雌蕊膨大而未出现花丝时,立即于果穗上套以 16cm×12cm 的纸袋。待伸出少量花丝时,用经酒精擦过的剪刀将花丝剪平,剩下 2～3cm,仍将原纸袋套上,可使花丝多而整齐。在雄穗完全伸出、花药尚未开裂时,用 35cm×20cm 牛皮(或羊皮)纸袋套住雄穗,套袋时不应将叶片套入,以免叶片蒸发水分增加袋内湿度,影响花粉生活力。授粉在上午 9 时进行。先摇动雄花序,使花粉散落袋中。然后将雄穗弯折,使口袋微向上方倾斜,小心地将纸袋取下,将花粉倾集于一角,折叠该角,待外界花粉散落停止后便可进行同株授粉。授粉时用左手遮蔽花丝上方,右手摘取隔离的纸袋,以免其他植株的花粉串杂进去。授粉后套回纸袋,并挂上小塑料牌,注明授粉日期、株号、自交符号和工作者姓名等。

17.5.2 杂交法

(1)去雄:当雄穗穗轴露出顶端叶、用手可以握住时,将雄穗拔除。大面积去雄时雄穗出现至结束,长达半个月,以始穗期后第 3～5 天最盛。因此,必须每天上、下午两次巡回田间进行去雄,尤以抽穗始期和末期,更应注意检查,以免残留雄蕊传粉,影响杂交。拔去的雄穗必须带出田间,以免散播花粉。

(2)隔离:当雌穗抽出尚未出现花丝时,套以 16cm×12cm 的纸袋,大面积杂交时则应设置隔离区,400m 周围内不种其他品种的玉米。

(3)授粉:杂交植株少,一般采用套袋授粉法。方法与自交的套袋法相同,唯花粉来源不同,自交为同植株的雄穗,杂交则采用父本植株的雄穗。在大规模杂交工作时,则在隔离区内利用各种排列种植父母本,母本去雄后任其自然传粉杂交。人工授粉后,仍套回纸袋并悬挂小塑料牌,注明杂交组合、杂交日期、工作者姓名等。

17.6 实验作业

应用套袋法自交和杂交各 2 穗,收获后比较两者的结实率。

17.7 问题讨论

(1)玉米的杂交方法有什么特点?

(2)玉米等异花授粉作物自交为什么会发生生活力衰退?

17.8　实验记录和报告

17.8.1　学生班级＿＿＿＿＿＿＿姓名＿＿＿＿＿＿＿

17.8.2　指导教师姓名＿＿＿＿＿＿＿＿＿＿＿＿＿＿

17.8.3　实验日期＿＿＿＿年＿＿＿＿月＿＿＿＿日

17.8.4　实验名称＿＿＿＿＿＿＿＿＿＿＿＿＿＿＿＿

17.8.5　原始记录

17.8.6 实验报告

将应用套袋法自交和杂交的实验结果填入表 17-1 中，并对实验结果进行评述。

表 17-1 玉米的自交和杂交结果

父本雄穗编号	母本雌穗编号	杂交结实率	是否出现明显混杂

实验 18 甘薯杂交技术

18.1 背景知识及实验原理

甘薯主要产区分布在北纬 40°以南。栽培面积以亚洲最多，非洲次之，美洲居第 3 位。甘薯在中国分布很广，以淮海平原、长江流域和东南沿海各省最多。全国分为 5 个薯区：①北方春薯区。包括辽宁、吉林、河北、陕西北部等地，该区无霜期短，低温来临早，多栽种春薯。②黄淮流域春夏薯区。属季风暖温带气候，栽种春夏薯均较适宜，种植面积约占全国总面积的 40%。③长江流域夏薯区。除青海和川西北高原以外的整个长江流域。④南方夏秋薯区。北回归线以北，长江流域以南，除种植夏薯外，部分地区还种植秋薯。⑤南方秋冬薯区。北回归线以南的沿海陆地和台湾等岛屿属热带湿润气候，夏季高温，日夜温差小，主要种植秋、冬薯。

甘薯属旋花科植物，生产上一般利用薯块的萌芽特性育成薯苗来进行甘薯的生产，其异花授粉能力很强，一般自交不亲和，且存在同群内品种间不亲和性问题。有关甘薯杂交不亲和性的研究已成为国内外学者十分关注的研究课题。1926 年 Stout 首次发现甘薯杂交不亲和性，Terao 于 1934 年把 51 个品种分为 3 个群，后来的鉴定结果为 15 个群。近年来，在甘薯杂交不亲和性的鉴定、分群和克服杂交不亲和性的研究上都取得了显著进展，提高了杂交结实率和育种效率，并为甘薯育种提供了科学依据；随着甘薯育种研究的发展，进一步有目的地研究利用杂交不亲和群，丰富种质遗传基础，在甘薯育种上具有重要意义。而且甘薯在我国北方地区的自然条件下，一般品种不能开花，而在南方也不是所有的品种均能开花。因此，进行甘薯有性杂交，首先要诱导甘薯开花。如环状剥皮、倒割、嫁接、短日照处理、药剂处理等方法均有一定效果。长期实践证明，以嫁接与短日照处理相结合的“重复法”效果最优。故以嫁接与短日照相结合为主处理诱导开花。

18.2 实验目的和要求

(1)了解甘薯花器结构和开花习性；

(2)练习甘薯杂交技术。

18.3 实验材料

杂交不亲和种群的不同品种甘薯以及嫁接所用砧木。

18.4 实验用具

盆钵、指甲刀、安全刀片、棉线、剪刀、镊子、塑料套、小塑料牌、铅笔、回形针、玻璃皿。

18.5 实验方法和步骤

18.5.1 诱导开花

(1)砧木准备：目前采用的砧木有牵牛花、东北茑萝、月光花等旋花科近缘植物，其中东北茑萝做砧木，茎粗壮、不易老化中空，有利于嫁接成活，且愈合后接穗生长势强。砧木种子播种一般在三、四月份，各种砧木种子的中皮均较硬厚，播种前要进行刻种处理，用指甲刀刻破种皮的一边角，使种子能吸氧透水，以利于种子萌发。刻种不宜刻伤种子内部组织，特别严禁刻伤种脐部分。紧接着将刻好的种子浸于温水浸泡1h左右，然后放在25℃左右恒温箱催芽。待种子露出胚根，即可播种在小盆钵中。盆钵可放在温室或塑料薄膜温床中，当砧木长出2～4片真叶时可行嫁接。亲本接穗的培育与一般大田育苗相同。

(2)嫁接方法：主要采用劈接法，选取粗细与砧木相近的甘薯苗的顶心部分做接穗，留2～4片展开叶，用普通的安全刀片将尾部削成楔形，削口要求平滑，一刀削就，削面长约2cm，在砧木子叶节上下部位横切，去除砧木顶部，然后纵劈一切口，长度略长于接穗削口，将接穗迅速插入劈口，使砧木与接穗接口吻合，用棉线缚扎，并在缚线外用湿的脱脂棉包裹扎口，保持接口湿润。为了防止整个嫁接植株水分蒸发，保证接口愈合，可用塑料套或玻璃烧杯罩住嫁接植株，并将盆钵移至阳光下，不需要遮阴，以利于接口愈合和嫁接株体的成活。在25～30℃的条件下，嫁接后7～10d后接口一般已经愈合，这时可拆线，再过7～10d后即可移植。

(3)短日照处理：甘薯属短日照植物，为了满足其开花条件要求，需要进行人工短日照处理。当嫁接植株接穗生长到33cm左右长的时候即可进行短日照处理，每天上午8时左右开始见光，下午4—5时开始黑暗处理。方法可根据条件选用暗室处理法、挖坑覆盖法和扣罩遮光法等。一般经一月左右现蕾，现蕾至开花需30～40d。

(4)嫁接植株管理：及时整枝抹芽打杈，每株留两个分枝。将两个分枝分开绑扎于竹架；浇水不宜过多以防烂根；注意防治病虫害，可采用1000倍液辛硫酸喷雾。

18.5.2 杂交技术

(1)父本隔离：甘薯属虫媒花，在自然条件下主要依靠昆虫传粉。为了防止昆虫传粉混杂，在杂交前均需严加隔离。一般在开花前一天下午4—5时，用2号回形针的内圈套在未旋开花冠的尖端，以免授粉前花冠张开；授粉后，再用曲别针夹住花冠或用两指轻轻揉捏花冠前端，使其封闭。

(2)母本去雄：对于自交不亲和的材料，一般不去雄，可直接选取次日将开的花朵隔离待授粉即可。自交亲和的材料必须去雄，其方法是：

①选取母本主茎或侧枝上的花序，去除已开放的花朵和小花蕾，于下午4时后选取次日将开放的花朵，用镊子在花冠一侧划一直缝，左手指轻轻挤压花冠顶部，使其张开，用镊子从开口处伸入，夹出5枚花药。然后将花冠复原，用小发夹或细棉线扎好。

②去雄后挂上塑料牌，注明母本名称、去雄日期、操作者姓名。

(3)采粉与授粉：一般在去雄后次日上午7～11时盛花期进行。12时授粉结实率明显下降，不宜继续授粉。而且，午后柱头开始萎焉变色，花粉容受力下降；花粉已开始干瘪，萌发能力衰退。

①采粉。取下父本花朵上的发夹或棉线，拨开花冠，用镊子将花药取出，置于培养皿中。

②授粉。取下母本花朵上的发夹或棉线，拨开花冠，用镊子夹起培养皿中已经散粉的花药，轻轻地在柱头上涂抹授粉，忌伤柱头；每一枚花药可涂3～4朵花。或将采摘的父本花朵，翻卷花瓣，直接将花粉涂抹在母本柱头上。为了提高结实率，在第一次授粉后过0.5～1h再授粉一次。

③授粉后将花冠复原，夹上发夹或扎上棉线继续隔离，并在塑料牌上补写父本名称和授粉日期。

④更换杂交组合时，应用酒精棉球擦洗镊子、培养皿和手指，以杀死所蘸花粉。

(4)种子的采收及保藏：甘薯种子的成熟期与季节气候、品种类型和生长状况有密切关系。通常在授粉后2～4d子房开始膨大。夏季高温季节，从授粉到蒴果成熟需20～25d；初秋气温渐低，约需30～35d；晚秋气温剧降，约需40～45d。甘薯果实属于蒴果，成熟后易于爆裂造成种子散失，所以应及时采收，做到勤收细收。果实成熟的特征是果皮呈棕褐色、果皮变薄且脆，果柄干枯。蒴果采收下来应按杂交组合分别装在纸袋内，经充分晒干，分批集中脱粒，再将种子装入防潮的硫酸纸带内，并隔2～3个月晾晒一次，以防吸潮霉变。种子袋可集中放在干燥器内保藏，经过充分干燥的种子只要注意防湿，经8～10年的贮藏仍具备相当高的发芽率。

18.6　实验作业

(1)2人一组，以牵牛花为砧木，每组选用2个品种甘薯做接穗，每个品种嫁接2株，以班为单位观察并统计各品种嫁接苗的成活率。

(2)每人杂交5朵花，一周后观察子房膨大情况，统计结果率。

18.7　思考题

(1)甘薯杂交和繁育有哪些特点？

(2)为什么很多甘薯要经过人工处理后才能开花？

18.8　实验记录和报告

18.8.1　学生班级____________姓名____________

18.8.2　指导教师姓名______________________

18.8.3　实验日期________年________月________日

18.8.4　实验名称____________________________

18.8.5　原始记录

18.8.6　实验报告

(1)将甘薯嫁接实验结果填于表18-1中。

表18-1　甘薯嫁接成功率

砧木类型	甘薯品种	嫁接株数	成活株数	本组成活率/全班成活率

2.将甘薯杂交实验结果填于表18-2中。

表18-2　甘薯杂交结果统计

杂交花数	结果数	结果率

实验 19　稻米糊化温度和胶稠度的测定分析

19.1　背景知识及实验原理

水稻是我国的主要粮食作物，也是世界上很多国家的重要粮食作物。我国有将近 50%的人口以稻米为主食，因此稻米品质也越来越受到人们的普遍关注。

稻米品质是一个综合概念，在不同国家和地区，人们对稻米品质的爱好和要求也不尽相同，因此评价稻米品质的指标体系也不尽相同。在我国，稻米品质的指标体系主要包括碾磨品质、外观品质、蒸煮品质、营养品质和食味品质，其中稻米的食味蒸煮品质是水稻籽粒品质的重要组成部分。当前的水稻育种既要着眼于高产、多抗的目标，又要考虑到育成品种的稻米品质，尤其是食味蒸煮品质，以满足消费者在嗜好上的不同要求。

稻米蒸煮品质是指稻米在蒸煮过程中所表现出来的特性，通常用稻米直链淀粉含量(amylose content)、糊化温度(gelatinization temperature，GT)和胶稠度(gel consistency)等指标来衡量。

淀粉常温下不溶于水，但在高温下会溶胀、分裂形成均匀有黏性的糊状溶液，这即为淀粉的糊化。淀粉的糊化过程分为三个阶段：一是可逆吸水阶段。在冷水浸泡时，淀粉颗粒虽也吸水，体积也略有膨胀，但不影响颗粒中的结晶部分，故干燥后能恢复到原来状态。二是不可逆吸水阶段。淀粉与水在持续加热条件下，水分子逐渐进入淀粉颗粒内的结晶区域，结晶区域由原来排列紧密的状态逐渐变为疏松状态，这使淀粉吸水量迅速增加，颗粒体积也急剧膨胀，若在这一阶段将淀粉干燥，则水分也不能完全排出恢复原来的结构。三是颗粒解体阶段。淀粉颗粒经过不可逆吸水阶段后很快进入这一阶段，因为温度继续升高，淀粉颗粒继续吸水膨胀，当膨胀到一定程度时，颗粒会出现破裂，淀粉分子向外扩散，扩散开来的淀粉分子相互联接形成一个网状的含水胶体，即糊状体。

使淀粉发生糊化作用所需的温度即为糊化温度(即淀粉颗粒吸水并发生不可逆膨胀，晶体结构被破坏，双折射性丧失时的临界温度；糊化温度又称凝胶化温度，与稻米中淀粉的物理特性有关)。它与蒸煮米饭所需的水分、时间和温度有关。糊化温度高的稻米不易煮熟，需要较多的水分和时间，精米延伸长度短；采用一般方法往往煮不熟，若蒸煮过度则过度裂解不成形，影响米饭的外观和食味。一般饭用稻米要求中、低 GT；GT 较低的稻米食味也较好。一般稻米市场要求籼稻具有中、低 GT，粳稻和糯稻具有低 GT。但不同的用米目的，也需要不同糊化温度的稻米，如制作米粉罐头或耐贮糕点往往需用较高 GT 稻米。糊化温度也一定程度上反映了胚乳和淀粉粒的硬度。高糊化温度的胚乳较硬，因此可能较少受到昆虫和细菌的侵袭。

不同水稻品种淀粉的 GT 一般分为高、中、低三档。目前主栽品种多为中、低类型。目前，测定稻米糊化温度的方法有：差示扫描量热仪法(DSC)、碱消值、双折射法、光度计法、黏滞计法、动态流变仪法、电导率法、黏度仪法等。其中以差示扫描量热仪法最为准确；碱消值法最为简便常用。碱消值法是根据精米在 1.7%氢氧化钾溶液中，在 30℃下处理 23h 后的分解程度分为 7 个等级：1～3 级，高糊化温度（＞74℃）；4～5 级，中等糊化温度（70～74℃）；6～7 级，低糊化温度（＜70℃）。我国绝大部分籼稻品种为中等糊化温度，绝大部分粳稻和糯稻为低糊化温度。

稻米胶稠度是用浓度为 4.4%的米胶在冷却后所表现出来的黏稠程度来测定的（米胶延伸法）。胶稠度指稻米米粉在一定条件下糊化成米胶，在水平状态及一定温度下流动的长度（GB/T 17891-1999）。胶稠度是评价稻米食用和储藏品质的一项指标。在采用 100mg 混合米粉、13mm×100mm 标准试管测试时，胶稠度可分为硬（≤40mm）、中等（41～60mm）和软（61～100mm）3 个等级。

冷却后米胶的流动长度与米饭的软硬程度成正相关，流动长度越长，胶稠度越软，米饭越软，冷却后的适口性也越好。一般含直链淀粉低的稻米胶稠度较软，米饭软，如粳米和糯米。籼米一般胶稠度较硬，米饭较硬；对于直链淀粉含量较高（＞25%）的籼稻，如果胶稠度较软，则口感仍较好。一般地，优质的稻米胶稠度均较软，米饭柔软有弹性，冷却后也仍能保持柔软湿润，口感较佳。故胶稠度的软硬是影响稻米食味蒸煮品质的重要因素。

19.2 实验目的和要求

掌握稻米蒸煮品质中糊化温度和胶稠度的测定分析原理和技术。

19.3 实验材料

不同品种的水稻精米样品。

19.4 实验仪器和试剂

19.4.1 糊化温度测定

仪器：电子天平、玻璃棒、镊子、90mm 培养皿、10ml 移液管、吸耳球、恒温箱等。

试剂：氢氧化钾颗粒（85%，化学纯）、蒸馏水。

19.4.2 胶稠度测定

仪器：分析天平、电子天平、高速样品粉碎机、100 目网筛、小磨口广口瓶、玻璃试管（圆底，13mm×150mm）、玻璃球（$d=15$mm）、电热恒温水浴锅、试管架、冰箱、水平操作台、水平尺、坐标纸等。

试剂：氢氧化钾（分析纯）、麝香草酚蓝、95%乙醇。

19.5 实验方法和步骤

19.5.1 稻米糊化温度的测定——碱消值法

（1）配碱液：配制 1.7%氢氧化钾溶液。称取氢氧化钾颗粒（85%，化学纯）20.0g，溶于 1000ml 刚煮沸过的蒸馏水中，至少放置 24h 后使用。

（2）选试样：每个品种选取无破损、无裂纹、大小一致、成熟一致的整粒精米 6 粒，放入干净的培养皿中。每个品种各设一重复。

（3）加碱液：用移液管吸取 1.7% KOH 溶液 10ml 加入各个 90mm 培养皿内（若用直径为 60mm 的培养皿，则加 KOH 溶液 5ml，具体根据直径计算加入的碱液量）。

（4）摆样品：将米粒均匀排开，使各米粒间有充分的间隙，以便米粒分解扩散。

(5)消化反应:盖好培养皿,将其放在30(±0.5)℃恒温箱中,静置23h,让米粒在碱液作用下充分崩解扩散。

(6)观察鉴定:用目测逐粒观察米粒的胚乳外观和消化扩散程度。按表19-1和表19-2的方法计算碱消值,鉴别糊化温度。(注意不要使样品摇晃,否则会影响观察结果。为便于观察,可事先在培养皿底垫黑布或放在黑色桌面上观察。)

表19-1 稻米糊化温度(碱消值)分级标准

碱消值(级)	散裂度	清晰度
1	米粒无影响	米粒似白垩状
2	米粒膨胀,不开裂	米粒白垩状,有不明显粉状环
3	米粒膨胀,少有开裂环且完整或狭窄	米粒白垩状,有明显粉状环
4	米粒膨胀,开裂环完整并宽大	米心棉絮状,环云状
5	米粒开裂或分离,环完整并宽大	米心棉絮状,环渐消失
6	米粒分解与环结合	米心云状,环消失
7	米粒完全消散混合	米心及环消失

按下式计算每个重复6粒精米的碱消值(级)平均数:

$$碱消值(级)=\frac{\sum(各米粒的级别)}{6}$$

重复试验允许误差不超过0.5级,求平均数,即为检测结果。

表19-2 糊化温度与碱消值(级)对应表

糊化温度等级	糊化温度	碱消值
高糊化温度	>74℃	1~3级
中糊化温度	70~74℃	4~5级
低糊化温度	<70℃	6~7级

19.5.2 稻米胶稠度的测定

(1)配溶液:用分析天平称取氢氧化钾(分析纯)11.2g,倒入1000ml蒸馏水中,配成0.2mol/L氢氧化钾溶液(要求浓度准确到小数点后三位)。称取麝香草酚蓝0.125g,溶于500ml 95%乙醇中,配成0.025%麝香草酚蓝乙醇溶液。

(2)粉碎米样:每个品种扦取一定量的精米样品。将米样放在室内条件下两天以上,使样品含水量一致。每个品种称取米样12g,用粉碎机将精米碾成细米粉,样品米粉至少95%以上过100目筛,将筛下米粉混合均匀后,装入小磨口广口瓶中,盖好瓶盖,放在干燥器中备用。

(3)含水量测定:用高恒温烘干法测量。将洁净的小铝盒预先烘干并冷却,称重并记录(用0.001g天平)。每个品种称取独立试样两份(一份为重复,每份4.500~5.000g),放入预先烘干的小铝盒中,放入130℃的烘箱中烘至恒重(1h),取出后立即放在干燥器中冷却后称量,用烘烤前后的重量差和烘烤前米粉重量之比来计算含水量。两次重复间差距不超过0.2%。

(4)称取米粉试样：每个品种称取备用米粉样品两份(一份为重复)，每份 100(±1)mg(按含水量 12%计，若含水量不为 12%，则应根据实际含水量进行折算，相应增减米粉试样的称样量)，倒入试管中。注意：不要使米粉粘在试管口壁上，以免影响淀粉溶液浓度(淀粉浓度很关键!)。

(5)溶解样品：每支试管中加入 0.025%麝香草酚蓝乙醇溶液 0.2ml(乙醇能防止用碱糊化时米粉结块，麝香草酚蓝能使碱性胶糊着色以辨认米胶前沿)，轻摇试管或用漩涡混合器加以振荡，使米粉充分分散。再加入 0.2mol/L 氢氧化钾溶液 2.0ml，摇动试管，使淀粉充分混匀，不沉淀结块。(注意：不结块很重要！很多实验失败都是因为管底有结块!)

(6)制胶：再次摇动试管使米粉充分混匀分散，立即将其放入沸水浴锅中，用玻璃球盖好试管口，加热 8min(从试管放入沸水浴即开始计时)。试管内液面应低于水浴锅的水面；控制米胶溶液液面在加热过程中保持在试管长度的 1/2～2/3，不应超出过高，更不可溢出；若管内液面上升过快有溢出危险时，可用手提升试管降低温度，以防溢出；若米胶溶液不上升时，则可能是米粉在试管底部结块了，则应立即摇匀试管，否则会影响测定结果。

(7)冷却：加热结束后，取出试管放在试管架，取下玻璃球，在室温下静置冷却 5～10min。再放入 0℃左右冰水浴或冰箱中冷却 20min 后取出。

(8)将试管从冰水浴中取出，立即水平放置在铺有方格坐标纸的水平桌面上(或米胶长度测定箱的样品架上)，把试管底部与标记的起始线对齐，在 25(±2)℃条件下静置 1h。

(9)观察记录：测量试管内米胶的流动长度，即从试管底至米胶前沿的长度，单位 mm。求两个重复试验的平均数，即为该品种胶稠度的测定结果。

不同类型品种胶稠度 5 个等级对应的米胶长度如表 19-3 所示。

表 19-3　不同类型品种胶稠度 5 个等级对应的米胶长度(NY/T 593-2002)　　(单位：mm)

品种	胶稠度等级				
	1	2	3	4	5
籼稻	≥70	60～69	50～59	40～49	<40
粳稻	≥80	70～79	60～69	50～59	<50
糯稻	100	95～99	90～94	85～89	<85

19.6　实验作业

(1)逐粒观察米粒的消化散裂程度，计算各品种稻米的碱消值，并评定其糊化温度。

(2)测量各试管米胶长度，完成实验报告。

19.7　思考题

(1)稻米糊化温度和胶稠度测定结果的主要影响因素分别有哪些？试验操作中特别应注意哪些？

(2)稻米蒸煮品质的三个评价指标，即直链淀粉含量、糊化温度、胶稠度之间有何关联？大概说明籼稻、粳稻、糯稻的三个指标间的区别。

(3)稻米糊化温度和胶稠度的测定除了上述方法还有什么其他测定方法？请简要说明。

19.8　实验记录和报告

19.8.1　学生班级______________姓名______________

19.8.2　指导教师姓名____________________________

19.8.3　实验日期________年________月________日

19.8.4　实验名称________________________________

19.8.5　原始记录

19.8.6　实验报告

(1)逐粒观察米粒的消化散裂程度，计算各品种稻米的碱消值，并评定其糊化温度，记录在表19-4中。

表 19-4　糊化温度记录

品种	重复	单粒整精米碱消值(级)						重复内平均(级)	重复间平均(级)	糊化温度等级
		1	2	3	4	5	6			
	1 2									
	1 2									
	1 2									

(2)测量各试管米胶长度，完成表19-5。

表 19-5　胶稠度记录

品种	米胶长度(mm)			胶稠度等级
	重复1	重复2	平均	

(3)对实验结果的评述：

实验 20　甜玉米籽粒糖分含量测定方法

20.1　背景知识及实验原理

甜玉米是玉米的一个亚种，具有丰富的营养及甜、嫩、香等特点，在西方国家已成为一种大众化蔬菜。在美国、日本和韩国等国家更为人们广泛食用。最早的甜玉米都是来自于 su 基因突变体。1836 年，诺诶斯·达林肯育成第一个名为“达林早熟”的品种，现代很多甜玉米都来源于该品种。1900—1907 年，美国开始正式设立甜玉米育种项目。1924 年，在美国的康涅狄格州农业试验站选育成第一个甜玉米杂交种，取名为“矮脚金鸡”。同年琼斯育成第一个白粒“瑞德格林”甜玉米单交种并进行商品生产。1927 年，史密斯育成著名单交种“高登彭顿”(p39×p51)，广泛栽培直至今天。1931 年制出第一个简单甜玉米罐头。20 世纪 50 年代末 60 年代初，在玉米生产上首次出现超甜玉米(shsh/shzshzshz)，如佛罗里达永甜。70 年代末又相继出现甜脆型玉米(bt_1bt_1/bt_1bt_1bt 和 $bt_2bt_2/bt_2bt_2bt_2$)与加强甜玉米($su_1sesu_1se/su_1sesu_1sesu_1se$)，如夏威夷特甜 9 号、夏威夷特甜 6 号，这些甜玉米的甜度比普通甜玉米高出约 1 倍以上。1987 年，Glover 报道了三隐性基因突变体 SU_1seshz 及品种 symphony，其含糖量高达 40%，水溶性多糖(WSP)含量也高，品质大大改善。

根据遗传特点的不同，甜玉米分为普通甜玉米、超甜玉米和加强甜玉米。普通甜玉米是受单隐性甜-1 基因(su_1)控制，这类玉米的胚乳含糖量比普通玉米高 2～3 倍，并且有很高的水溶性多糖(WSP)，但淀粉含量低，只有普通玉米的一半。超甜玉米受单隐性凹陷-2 基因(sh_2)控制，这类玉米的含糖量比普通甜玉米高，在收后贮藏过程中，糖分保留时间较长，但水溶性多糖和淀粉含量较少。在鲜穗玉米市场上，超甜玉米的竞争力后来居上，主要用于鲜食，也用于加工速冻甜玉米。超甜玉米一般不用来加工罐头食品。现在市场上的超甜玉米有两种类型，在遗传上一种是受凹陷-2 基因(sh_2)控制，另一种是受脆弱-2 基因(bt_2)控制。加强甜玉米是在普通甜玉米背景上引入一个加甜基因而成的，是双隐性的(su_1se)。se 是 SU_1 的修饰基因，是从 SU_1 背景下的玻维亚 1035 粉质品种中分离出来的。它的种子干燥缓慢并带淡黄色。SU_1 与 se 不连锁。SU_1se 基因型甜玉米的总糖含量达到 sh_2 的水平，而水溶性多糖又达到 su_1 水平，从而改善了甜玉米的品质。

测定甜玉米糖分含量主要有 3 种方法：蒽酮法、手持糖量计法和近红外漫反射光谱法。其中最方便的是手持糖量计测定方法，其原理是光纤从一种介质进入另一种介质时会产生折射现象，且入射角正弦之比恒为定值，此比值称为折光率，汁液中可溶性固形物含量与折光率在一定条件(同一温度、压力)下成正比，故测定籽粒汁液的折光率，可求出籽粒汁液的浓度(含糖量的多少)。由于总的可溶性固形物中可能含有非常少量的其他可溶性固形物如矿物质等，因此测得的糖浓度比实际含糖量可能略高。

各种糖分的甜度并非是一致的。在总含糖量相同的情况下，各种糖分所占比例不同，其甜度就会有所不同。董海合等在 20 世纪 90 年代的试验表明，乳熟期甜玉米籽粒中的蔗糖、其他糖与该期总可溶糖呈极显著正相关，同时蔗糖与其他糖也呈显著正相关。也就是说，当总含糖量发生变化时，各种糖分含量的比例不会有明显的变化。因此，在改良甜玉米籽粒糖分时，不必考虑提高总可溶糖含量会因改变各种糖分的比例而降低甜度。

了解各种营养成分间的相互关系，对于选育各种营养成分平衡的甜玉米品种是很重要的。董海合等的试验结果还显示糖分与氨基酸、蛋白质的相关性不明显，这表明糖分的积累与赖氨酸、蛋白质的积累不存在明显的相互制约关系。因此，选育出高糖、高蛋白质的甜玉米品种是可能的。

20.2　实验目的和要求

(1)了解甜玉米(sweet corn)和普通玉米(grain corn)籽粒糖分含量的大概范围。

(2)掌握手持糖量计的测定原理和使用方法。

20.3　实验材料

甜玉米籽粒，普通玉米籽粒。

20.4　实验用具

手持糖量计(WYT-4、PAL-1)，榨汁机，培养皿，不同规格的移液器，指形管，纱布或卷纸。

20.5　实验方法和步骤

20.5.1　手持糖量计的使用方法

打开手持式折光仪盖板，用干净的纱布或卷纸小心地擦干棱镜玻璃面。在棱镜玻璃面上滴 2 滴蒸馏水，盖上盖板，于水平状态，从接眼部观察，检查视野中明暗交界线是否处在刻度的零线上。若与零线不重合，则旋动刻度调节螺旋，使分界线面刚好落在零线上(此步骤非常重要)。打开盖板，用纱布或卷纸将水擦干，然后如上法在棱镜玻璃面上滴上含糖汁液，进行观测，读取视野中明暗交界线上的刻度，即为可溶性固形物含量(%，糖的大致含量)。重复 3 次。

20.5.2　实验步骤

(1)籽粒汁液准备：取 15(大粒)～ 20(小粒)玉米籽粒，用榨汁钳榨取汁液(分次)存于培养皿中，用移液器吸取 500μl 存于指形管中，5000r/min 离心 2min，取上清液待用。

(2)测定：用移液器吸取上清液 50μl，用手持糖量计测定，重复 3 次，取其平均值。

20.6　实验作业

比较甜玉米和普通玉米的糖分含量。

20.7　问题讨论

(1)如何保证每个小组手持糖量计测量的准确性？

(2)胚乳糖分性状是由主基因控制的吗？能否将甜玉米的糖分基因转到普通玉米上使普通玉米转变成甜玉米？

20.8 实验记录和报告

20.8.1 学生班级＿＿＿＿＿＿＿＿姓名＿＿＿＿＿＿＿＿

20.8.2 指导教师姓名＿＿＿＿＿＿＿＿＿＿＿＿＿＿

20.8.3 实验日期＿＿＿＿年＿＿＿＿月＿＿＿＿日

20.8.4 实验名称＿＿＿＿＿＿＿＿＿＿＿＿＿＿＿＿

20.8.5 原始记录

20.8.6　实验报告

将测定结果填入表 20-1 中,并对实验结果做简要评述。

表 20-1　玉米籽粒糖分含量的测定

样品编号	甜玉米(%)	普通玉米(%)
1		
2		
3		
平均值		

对实验结果简要评述如下:

实验 21　油菜品质分析和系谱法育种

21.1　背景知识及实验原理

所谓杂交育种，一般指不同种群、不同基因型个体间进行杂交，并在其杂种后代中通过选择而育成纯合品种的方法。杂交可以使双亲的基因重新组合，形成各种不同的类型，为选择提供丰富的材料；基因重组可以将双亲控制不同性状的优良基因结合于一体，或将双亲中控制同一性状的不同微效基因积累起来，产生在各该性状上超过亲本的类型。正确选择亲本并予以合理组配是杂交育种成败的关键。根据育种目标要求，一般应按照下列原则进行：①亲本应有较多优点和较少缺点，亲本间优缺点力求达到互补。②亲本中至少有一个是适应当地条件的优良品种，在条件严酷的地区，双亲最好都是适应的品种。③亲本之一的目标性状应有足够的遗传强度，并无难以克服的不良性状。④生态类型、亲缘关系上存在一定差异，或在地理上相距较远。⑤亲本的一般配合力较好，主要表现在加性效应的配合力高。

杂交创造的变异材料要进一步加以培育选择，才能选育出符合育种目标的新品种。培育选择的方法主要有系谱法和混合法。系谱法是自杂种分离世代开始连续进行个体选择，并予以编号记载直至选获性状表现一致且符合要求的单株后裔(系统)，按系统混合收获，进而育成品种。这种方法要求对历代材料所属杂交组合、单株、系统、系统群等均有按亲缘关系的编号和性状记录，使各代育种材料都有家谱可查，故称系谱法。典型的混合法是从杂种分离世代 F_2 开始各代都按组合取样混合种植，不予选择，直至一定世代才进行一次个体选择，进而选拔优良系统以育成品种。在典型的系谱法和混合法之间又有各种变通方法，主要有：改良系谱法、混合系谱法、改良混合法、衍生系统法、一粒传法。不同性状的遗传力高低不同。在杂种早期世代往往又针对遗传力高的性状进行选择，而对遗传力中等或较低的性状则留待较晚世代进行。选择的可靠性以个体选择最低，系统选择略高，F_3 或 F_4 衍生系统以及系统群选择最高。

作物育种程序一般包括以下环节：原始材料观察、亲本圃、选种圃、产量比较试验。杂交育种一般需 7～9 年时间才可能育成优良品种，现代育种都采取加速世代的做法，结合多点试验、稀播繁殖等措施，尽可能缩短育种年限。

本实验以油菜为研究对象，选取高含油量品种与不同来源的高含油量品种进行杂交，从 F_2 代选择 50 个单株进行含油量分析，再保留含油量最高的 5 个单株繁殖成 F_3 株系，每个株系的规模是 100 株。从每个株系中取 10 株进行含油量分析，采用“优中选优”的方法选出 1 株含油量最高的单株，繁殖成 F_4 株系，规模为 100 株，整个 F_4 代仍为 500 株。以此类推，连续选择 10 代。

近红外光谱(NIR)分析技术是分析化学领域迅猛发展的高新分析技术，越来越引起国内外分析专家的注目，在分析化学领域被誉为分析“巨人”，它的出现可以说带来了又一次分析技术的革命。

近红外区域是人们最早发现的非可见光区域。但由于物质在该谱区的倍频和合频吸收信号弱，谱带重叠，解析复杂，受当时的技术水平限制，近红外光谱“沉睡”了近一个半世纪。直到20世纪60年代，随着商品化仪器的出现及Norris等人所做的大量工作，提出物质的含量与近红外区内多个不同的波长点吸收峰呈线性关系的理论，并利用NIR漫反射技术测定了农产品中的水分、蛋白、脂肪等成分，才使得近红外光谱技术曾经在农副产品分析中得到广泛应用。到60年代中后期，随着各种新分析技术的出现，加之经典近红外光谱分析技术暴露出的灵敏度低、抗干扰性差的弱点，使人们淡漠了该技术在分析测试中的应用，此后，近红外光谱进入了一个沉默的时期。70年代产生的化学计量学(Chemometrics)学科的重要组成部分——多元校正技术在光谱分析中的成功应用，促进了近红外光谱技术的推广。到80年代后期，随着计算机技术的迅速发展，带动了分析仪器的数字化和化学计量学的发展，通过化学计量学方法在解决光谱信息提取和背景干扰方面取得的良好效果，加之近红外光谱在测样技术上所独有的特点，使人们重新认识了近红外光谱的价值，近红外光谱在各领域中的应用研究陆续展开。进入90年代，近红外光谱在工业领域中的应用全面展开，有关近红外光谱的研究及应用文献几乎呈指数增长，成为发展最快、最引人注目的一门独立的分析技术。由于近红外光在常规光纤中具有良好的传输特性，使近红外光谱在在线分析领域也得到了很好的应用，并取得良好的社会效益和经济效益，从此近红外光谱技术进入一个快速发展的新时期。

近红外光谱属于分子振动光谱的倍频和主频吸收光谱，主要是由于分子振动的非谐振性使分子振动从基态向高能级跃迁时产生，具有较强的穿透能力。近红外光主要是对含氢基团X—H(X=C、N、O)振动的倍频和合频吸收，其中包含了大多数类型有机化合物的组成和分子结构的信息。由于不同的有机物含有不同的基团，不同的基团有不同的能级，不同的基团和同一基团在不同物理化学环境中对近红外光的吸收波长都有明显差别，且吸收系数小，发热少，因此近红外光谱可作为获取信息的一种有效的载体。近红外光照射时，频率相同的光线和基团将发生共振现象，光的能量通过分子偶极矩的变化传递给分子；而近红外光的频率和样品的振动频率不相同，该频率的红外光就不会被吸收。因此，选用连续改变频率的近红外光照射某样品时，由于试样对不同频率近红外光的选择性吸收，通过试样后的近红外光线在某些波长范围内会变弱，透射出来的红外光线就携带有机物组分和结构的信息。通过检测器分析透射或反射光线的光密度，就可以确定该组分的含量。

21.2　实验目的和要求

了解现代近红外光谱分析技术的原理和方法，掌握作物育种的选择原理和基本选择方法。

21.3　实验材料

油菜的两个高油品种。

21.4　实验用具和药品

实验用具：近红外分析仪(连电脑)、挂牌、种子袋、铅笔等。

药品：无。

21.5 实验方法和步骤

21.5.1 杂交

品种 1 去雄后，取品种 2 的花粉对其授粉。套上袋子，防止其他花粉飞入。一个月后收获杂种种子。

21.5.2 F_1 代

当年播下杂种种子，次年收获 F_1 代种子。

21.5.3 F_2 代

次年播下 F_1 代种子，第 3 年得到 F_2 代。每 2 位同学为一组，每组在 F_2 代中选择 1 个单株，晒干、拷种、脱粒后在近红外分析仪上进行含油量测定。取含油量最高的 5 个单株的种子各 100 粒播种。

含油量测定方法：采用德国 Bruker 的 MPA 型傅立叶变换近红外光谱仪 MATR Ⅸ-Ⅰ，配有镀金积分球、样品旋转器和石英样品杯、单粒样品台和安瓿、镀金背景和 PbS 检测器。光谱采集条件：分辨率 $8cm^{-1}$，样品和背景扫描次数 64 次，扫描速率 10Hz，相位分辨率 $64cm^{-1}$，谱区范围 $12000\sim4000cm^{-1}$（833～2500nm），记录样品每 1125nm 的吸光度值（AB），每个光谱的测试点 2074 个。在室温 26～27℃下，运用 OPUS 510 软件进行工作。

每个样品取 5g 左右的油菜籽倒入样品杯中，盖上盖子，开启样品旋转器让样品杯旋转，点击 OPUS 510 软件中的“高级数据采集”中的“样品扫描通道”进行样品光谱的采集，并保存光谱图。然后在菜单栏选中“评价”下拉框中的“建立定量 2 方法（0）”选项，在“光谱”页的“添加光谱”选项中添加保存的样品的光谱图，在“方法”页的“添加方法”选项中调入油菜含油量分析模型，然后点击“分析结果”中的“分析”，样品的含油量数据即可显示出来。

注意：样品分析前要建立初步近红外分析模型，具体方法可参阅仪器说明书或向实验指导教师请教。

21.5.4 F_3 代

第 4 年得到 F_3 代。每 2 位同学为一组，每组在 F_3 代指定株系中选择 1 个单株，每个株系中取 10 株，晒干、拷种、脱粒后在近红外分析仪上进行含油量测定。每个株系采用“优中选优”的方法选出 1 株含油量最高的单株，繁殖成 F_4 株系，规模为 100 株，整个 F_4 代仍为 500 株。以后每一世代都采用这样的方法进行选择。

21.6 实验作业

利用实验室已有油菜籽含油量分析模型测定自己小组收获的单株油菜的含油量，在全班中选出 5 个含油量最高的单株供下一轮实验用。

21.7 问题讨论

（1）通过这种选择会产生什么结果？

（2）近红外光谱仪用来测定含油量确实很方便，现在每个单位是否普及了？

（3）为什么说这是一个典型的综合性实验？

21.8　实验记录和报告

21.8.1　学生班级__________姓名__________

21.8.2　指导教师姓名____________________

21.8.3　实验日期______年______月______日

21.8.4　实验名称____________________

21.8.5　原始记录

21.8.6 实验报告

将自己小组的测定结果填入表21-1中,并与全班结果作比较。

表21-1 油菜杂交后代单株含油量的测定

样品编号	含油量(%)	班中排名
1		/
2		/
3		/
平均值		

实验 22　转 *cry1Ab* 基因抗虫水稻的 PCR 检测

22.1　背景知识及实验原理

1983 年，世界上第一例转基因植物——一种含有抗生素药类抗体的烟草在美国成功培植。当时有人惊叹："人类开始有了一双创造新生物的'上帝之手'。"随后，"转基因"一词逐渐成为人们关注的焦点。

随着转基因技术的问世，1993 年，世界上第一种转基因食品——转基因晚熟西红柿正式投放美国市场。这种西红柿耐存储的特性使其货架寿命大大延长。此后，抗虫棉花和玉米、抗除草剂大豆和油菜等 10 余种转基因植物获准商品化生产并上市销售。

20 年来，转基因作物种植面积迅速扩大，转基因作物种类急剧增加。1996 年，世界转基因作物种植总面积仅为 170 万公顷，1998 年达到 3000 万公顷，已涉及 60 多种植物。据国际转基因技术推广组织发布的数据，2002 年全球转基因农作物种植面积已扩大到 5870 万公顷。从 1996 年以来，转基因作物面积一直以两位数以上的速度增长。

迄今，全世界已有近 50 个国家和地区开展转基因作物种植实验，有 16 个国家的近 600 万农民以种植转基因作物为主。全球最主要的转基因产品生产国包括美国（转基因作物种植面积最大，约占全球转基因作物种植面积的 68%）、阿根廷（约占 22%）、加拿大（6%）和中国（3%）。这四国所种植的转基因作物占全球转基因作物种植总量的 99%。

被商品化的主要转基因作物有大豆、棉花、油菜、玉米四类，主要用于生产动物饲料、炼制植物油、制药等。其中大豆已被广泛用于食品生产。1998 年，这四种转基因作物的种植面积占全球转基因作物种植总面积的 99%。其他转基因作物还包括烟草、番木瓜、土豆、西红柿、亚麻、向日葵、香蕉和瓜菜类等。从性能上区别，转基因作物也分为四类：一是可抵御害虫侵害、减少杀虫剂使用的作物；二是抗除草剂作物；三是抗疾病作物；四是营养增强性作物。

当转基因作物十几年前刚走出实验室时，并没有引起舆论界的广泛关注，随着由转基因作物制成的食品的不断推广，早已存在的对其安全性的不同见解便演变成了激烈的争论。

1998 年，一位英国科学家的研究表明，幼鼠食用转基因土豆后，会使内脏和免疫系统受损。这是对转基因食品的最早质疑，由此在英国和全世界范围内引发了关于转基因食品安全性的大讨论。虽然 1999 年 5 月，英国皇家学会宣布，这项研究"充满漏洞，从中不能得出转基因土豆有害生物健康的结论"。但也就在这时，英国的权威科学杂志《自然》刊登了美国康乃尔大学教授约翰·罗西的一篇论文，论文中指出，蝴蝶幼虫等农田益虫吃了撒有某种转基因玉米花粉的菜叶后会发育不良，死亡率特别高。在美国衣阿华州进行的野外试验也获得了同样的结果。

还有很多证据都显示出转基因食品可能存在的危险。丹麦科学家的研究表明，把耐除草剂的转基因油菜籽和杂草一起培育，结果产生了耐除草剂的杂草。这预示着通过转基因技术产生的基因可扩散到自然界中去。美国亚利桑那大学等机构发表的报告称，已经发现一些昆虫，吃了抗害虫转基因农作物也不死亡，因为它们已经对转基因作物产生的毒素具备了抵抗力。

不过在这个领域从事科学研究的人大多认为，人们的过度担心是多余的。中国农业大学食品学院的罗云波院长在接受记者采访时就表示，从科学研究的角度来说，现在人们提出的几个关于转基因食品可能出现问题的理由是站不住脚的。比如一些以抗病与抗虫为目的的转基因作物，昆虫咬了以后都会毙命，对人体能不有害？罗院长指出，目前人们常用的抗虫基因 Bt 基因，也不是对所有的昆虫都有毒性，Bt 基因只对有其受体的鳞翅目昆虫才有作用。另外，对昆虫有毒并不代表对人有毒，因为人体内并不含有与之发生反应的受体。即使有轻微的毒性，也要看这种毒蛋白在人体内会不会积累下来，如果代谢不掉则对人体是有伤害的。然而每种转基因食品在投入商业化运作之前，都会做大量的动物实验，以证明其不会被积存到体内，所以这种担心也是多余的。

罗云波教授认为，从本质上讲，转基因生物和常规育成的品种是一样的，两者都是在原有的基础上对某些性状进行修饰，或增加新性状，或消除原有不利性状。虽然，目前的科学水平还不能完全精确地预测一个外源基因在新的遗传背景中产生什么样的相互作用，但从理论上讲，转基因食品是安全的。对长期食用转基因食品是否有副作用的问题，罗教授认为是不会的，一是因为转基因食品上市之前是经过大量试验和许多部门严格检验的；二是转基因食品在体内不积累。总之，转基因食品的前景是乐观的。

面对转基因技术可能带来的利与弊，许多国家的政府已经制定或正在制定有关转基因技术研究和应用的安全管理准则或法规。欧盟从 1998 年起就已经规定，食品零售商必须在标签上标明其中是否含有转基因成分，充分赋予消费者自由选择的权利。作为占世界人口五分之一的中国人，应该如何面对这个问题呢？

我国目前有百余个实验室在开展有关生物技术的研究，六项转基因植物已被批准商品化，种植面积百余万亩，虽然真正能够被老百姓吃到嘴里的国产转基因食品只有甜椒（一种柿子椒）和延熟西红柿两个品种，可是许多进口食品中都可能含有转基因成分。或许当你从超级市场购买了各种食品后，在品尝其中的美味之时，却没有意识到这里面可能含有不为你所知的转基因成分。有关专家指出，基因工程的很多东西我们可能已经接触到了，只是不知道罢了。然而，令人不能忽视的现状是，当国外反对转基因食品的运动已经进行得如火如荼之时，就其安全问题已经争得面红耳赤的时候，我国的大多数消费者尚没有明白过来“转基因”为何物。

有多种方法可对转基因植物进行检测或鉴定，如 DNA 水平上的 PCR 或 Southern 杂交，表达产物——蛋白质水平上的 Western 杂交，或转基因表达后赋予植物的某种表型或特性；既可以针对目的基因表达单元（包括启动子、编码区、终止区）进行检测，也可以对标记基因和报告基因的表达单元进行鉴定。本实验介绍针对转 Bt 基因抗虫水稻中的目的基因 *cry1Ab* 的 PCR 检测方法。

22.2 实验目的和要求

了解转基因技术历史和现状及转基因食品的利与弊，掌握转基因植物的分子鉴定方法。

22.3 实验材料

转 *cry1Ab* 基因水稻及其对照的叶片或幼苗。

22.4　实验用具和药品

22.4.1　实验用具

研钵、研杵、移液枪、剪刀、水浴锅、离心机、PCR 仪、电泳仪、电泳槽及装置制胶、凝胶成像系统或紫外透射仪、离心管、PCR 管、吸水纸、枪头(tip)、线手套和一次性塑料手套。

22.4.2　药品

(1)1mol/L Tris-HCl 溶液(pH＝8.0)：称 121.1g Tris 溶于 800ml 蒸馏水中，用浓盐酸(36%，约 42ml)调 pH 至 8.0，定容到 1L，分装并湿热高压灭菌。

(2)0.5mol/L Na_2EDTA 溶液：在 800ml 蒸馏水中加入 186.1g $Na_2EDTA \cdot H_2O$，搅拌溶解过程中慢慢加入固体 NaOH 调 pH 至 8.0，定容到 1L，分装并湿热高压灭菌。

(3)2.5mol/L NaCl 溶液：将 146.1g NaCl 溶于蒸馏水并定容到 1L，分装，高压灭菌。

(4)CTAB 提取液 (500ml)：按表 22-1 配制，最后加入无菌蒸馏水 140ml。室温下保存，用前按 2μl/ml 加入 β 巯基乙醇。

表 22-1　CTAB 提取液配制

试　剂	质量或体积	最终浓度
CTAB	10g	2%
1mol/L Tris (pH8.0)溶液	50ml	100mmol/L
0.5mol/L Na_2EDTA (pH8.0)溶液	20ml	20mmol/L
2.5mol/L NaCl 溶液	280ml	1.4mol/L

(5)3mol/L 乙酸钠溶液(pH＝5.2)：将 40.8g 乙酸钠溶于 80ml 蒸馏水，调 pH 至 5.2，定容到 1L，分装并湿热高压灭菌。

(6)氯仿-异戊醇溶液(24∶1)：在通风橱中，将 20ml 异戊醇加入 480ml 氯仿中，混匀即可。

(7)TE 缓冲液 (10mmol/L，1mmol/L EDTA，pH8.0)：取 1mol/L Tris-HCl (pH8.0) 5ml、0.5mol/L Na_2EDTA 溶液(pH8.0) 1ml，用无菌水定容至 500ml。

(8)TBE 电泳缓冲液(Tris-硼酸；5×浓贮存液)：将 Tris 54g 和硼酸 27.5g 溶于蒸馏水，加入 20ml (pH8.0) 0.5mmol/L EDTA，定容到 1L。

(9)10mg/ml EB 溶液(溴化乙锭，有毒，避免吸入和直接接触)：在 100ml 水中加入 1g 溴化乙锭，磁力搅拌数小时以确保其完全溶解，然后用铝箔包裹容器或转移至棕色瓶中，保存于室温。

(10)引物溶液：根据合成的量，用无菌水溶解，配制成高浓度的储备液，然后取出部分稀释到所需浓度。本实验中所用 *cry1Ab* 基因的上下游引物浓度均为 6.25μmol/L，其序列如下：

上游引物：5′GCAACCATCAATAGCCGTTACA　3′

下游引物：5′GTCAATGGGATTTGGGTGATTT　3′

(11) dNTP 溶液：将采购的溶液分装，直接稀释到所需浓度即可。

(12)Taq DNA 聚合酶、10×PCR 缓冲液、25mmol/L $MgCl_2$：直接采购。

(13)6×上样液:0.25%溴酚蓝和40%蔗糖的水溶液。

(14)其他试剂:β巯基乙醇、异丙醇、乙醇(75%、95%、100%)。

22.5 实验方法和步骤

22.5.1 DNA提取

(1)取0.15~0.2g洗净的幼嫩叶片或幼苗,加入液氮磨成细粉,立即转移到1.5ml离心管中,并加入经60℃水浴预热的0.7ml CTAB提取液(用前按2μl/ml加巯基乙醇),混匀并放在60℃水浴中1h,中间不时摇动;

(2)取出试管,冷却至室温后加入等体积的氯仿-异戊醇混合液,混匀并轻摇3~5min,静止使水相和有机相分层,8000r/min离心10min;

(3)转移水相(上清液)至另一管中,加入等体积的氯仿-异戊醇混合液再抽提1次,混匀后轻摇,并离心;

(4)转移水相(上清液)至另一管中,加入等体积的异丙醇,轻轻颠倒混匀,静止片刻待絮状沉淀出现(如看不到絮状沉淀可放入−10℃冰箱中15~20min),12000r/min离心10min,弃残液,收集絮状白色沉淀;

(5)用75%酒精清洗,然后风干;

(6)加入约0.5ml TE,待沉淀的DNA完全溶解,8000r/min离心2~3min,转入另一管中;

(7)加入0.1倍体积(50μl)的3mol/L乙酸钠(pH=5.2)及2倍体积预冷的无水乙醇,轻轻颠倒混匀,−20℃下放置使DNA沉淀;

(8)12000r/min离心10min收集DNA,依次经75%、95%、100%乙醇漂洗,风干后溶解在0.5ml TE缓冲液中,−20℃下保存;

(9)经电泳和分光光度计检测DNA的质量和数量。

22.5.2 PCR与电泳检测

(1)PCR体系:按表22-2在反应管中配制25μl的反应体系。

表22-2 PCR体系配制

溶　液	所需的量	终浓度/25μl
10×PCR buffer	2.5μl	1×PCR buffer
25mmol/L $MgCl_2$	1.5μl	1.5mmol/L
Primer 1 (6.25μmol/L)	2μl	0.5μmol/L
Primer 2 (6.25μmol/L)	2μl	0.5μmol/L
dNTP mix(2.5mmol/L)	2μl	0.2mmol/L
H_2O	13.8μl	—
Taq DNA Polymerase (5U/μl)	0.20μl	1.0U
DNA template (100ng/μl)	1μl	100ng

(2)扩增程序:在PCR仪上按表22-3所示程序设定和扩增。

表 22-3　扩增程序

1	预变性	94℃	4min
2	变性	94℃	45s
3	退火	60℃	1min
4	延伸	72℃	90s
5	重复步骤 2,3,4		30 个循环
6	延伸	72℃	7min
7	低温保存	4℃	

(3)琼脂糖凝胶电泳检测:在扩增的过程中,根据所需浓度(本实验所用浓度为 1.5%)称取一定量的琼脂糖,加入相应的 TBE 电泳缓冲液中,用微波炉加热煮沸至琼脂糖完全溶解,加入适量 EB(0.5μg/ml) 混匀,适当冷却后倾入凝胶铸槽中,插入梳子,凝胶厚度不超过梳孔,并注意气泡产生,待凝胶完全凝结后才能拔除梳子。

按 1∶5 将上样缓冲液(6×)加入反应管中并混匀,每管取 15～20μl 点入制备的凝胶梳孔中,另在 1 梳孔中加入分子量标准溶液,然后放入含有 TBE 缓冲液的电泳槽中,按 3～5V/cm 稳压电泳,待指示剂达凝胶底部边缘时取出,在紫外检测仪上观察、记录。

22.6　实验作业

拍照并打印电泳结果,比较转基因水稻与普通水稻的 PCR 谱带。

22.7　问题讨论

(1)有人说转基因育种和杂交育种从遗传学角度看是一样的,都是基因片段的“断开-重接”,你对这个问题怎么看?

(2)提取 DNA 时为什么起初可以用力摇晃而后面就要动作轻盈?

22.8 实验记录和报告

22.8.1 学生班级____________**姓名**____________

22.8.2 指导教师姓名____________________

22.8.3 实验日期______**年**______**月**______**日**

22.8.4 实验名称____________________

22.8.5 原始记录

22.8.6　实验报告

将转基因水稻和正常水稻的扩增电泳图谱粘贴在实验报告纸上，分析条带的异同并说明原因。

实验23 水稻白叶枯病抗性的鉴定

23.1 背景知识及实验原理

水稻白叶枯病是水稻病害之一，病株叶尖及边缘初生黄绿色斑点，后沿叶脉发展成苍白色、黄褐色长条斑，最后变灰白色而枯死。病株易倒伏，稻穗不实率增加。病菌在种子和有病稻草上越冬传播。分蘖期病害开始发展。高温多湿、暴风雨、稻田受涝及氮肥过多时有利于病害流行。

水稻白叶枯病最早于1884年在日本发现，目前已成为亚洲和太平洋稻区的重要病害。在我国，1950年首先在南京郊区发现，后随带菌种子的调运，病区不断扩大。目前除新疆外，各省(市、自治区)均有发生，以华东、华中和华南稻区发生普遍，危害较重，被列为我国有潜在危险性的植物病害。水稻受害后，叶片干枯，瘪谷增多，米质松脆，千粒重降低，一般减产10%～30%，严重的减产50%以上，甚至颗粒无收。

由于品种、环境条件和病菌侵染方式的不同，病害症状有以下几种类型：

23.1.1 叶枯型

最常见的白叶枯病典型症状。苗期很少出现，一般在分蘖期后较明显。发病多从叶尖或叶缘开始，初现黄绿色或暗绿色斑点，后沿叶脉迅速向下纵横扩展成条斑，可达叶片基部和整个叶片。病健部交界线明显，呈波纹状(粳稻品种)或直线状(籼稻品种)。病斑黄色或略带红褐色，最后变成灰白色(多见于籼稻)或黄白色(多见于粳稻)。湿度大时，病部易见蜜黄色珠状菌脓。

23.1.2 急性型

在环境条件有利和品种感病的情况下发生。叶片病斑暗绿色，迅速扩展，几天内可使全叶呈青灰色或灰绿色，呈开水烫伤状，随即纵卷青枯，病部有蜜黄色珠状菌脓。此种症状的出现，表示病害正在急剧发展。

23.1.3 凋萎型

国外称克列塞克(Kresek)。多在秧田后期至拔节期发生。病株心叶或心叶下1～2叶先失水、青卷，尔后枯萎，随后其他叶片相继青枯。病轻时仅1～2个分蘖青枯死亡，病重时整株整丛枯死。折断病株的茎基部并用手挤压，可见大量黄色菌液溢出。剥开刚刚青枯的心叶，也常见叶面有珠状黄色菌脓。根据这些特点以及病株基部无虫蛀孔，可与螟虫引起的枯心相区别。

23.1.4 黄叶型

目前国内仅在广东省发现。病株的新出叶均匀褪绿或呈黄色或黄绿色宽条斑，较老的叶片颜色正常。之后，病株生长受到抑制。在病株茎基部以及紧接病叶下面的节间有大量病原细菌存在，但在显现这种症状的病叶上检查不到病原细菌。

病原物为稻黄单胞杆菌白叶枯致病变种[*Xanthomonas oryzae* pv. *oryzae* (Ishiyama) *Swings*]，变形菌门黄单胞菌成员属。稻白叶枯病菌菌体短杆状，大小(1.0～2.7)μm×

(0.5～1.0)μm，单生，单鞭毛，极生或亚极生，长约 8.7μm，直径 30nm，革兰氏染色阴性，无芽孢和荚膜，菌体外具黏质的胞外多糖包围。在人工培养基上菌落蜜黄色，产生非水溶性的黄色素，好气性，呼吸型代谢，不同地区的菌株致病力不同。自然条件下，病菌可侵染栽培稻、野生稻、李氏禾、茭白等禾本科植物。病菌血清学鉴定分三个血清型：Ⅰ型是优势型，分布全国；Ⅱ、Ⅲ型仅存在于南方个别稻区。病菌生长温限 17～33℃，最适 25～30℃，最低 5℃，最高 40℃，病菌最适宜 pH6.5～7.0。

根据长期的实践可知，培育和种植抗病品种是控制该病最有效的措施。培育水稻抗白叶枯病的育种方法首先是获得含有抗性基因且能够被有效利用的育种材料。对现有品种的白叶枯病抗性鉴定是水稻白叶枯病育种研究的基础。一般使用剪叶法对水稻品种进行接种试验，并观察其水稻抗性。

23.2　实验目的和要求

(1)了解水稻白叶枯病的发病症状以及病原物；

(2)练习并掌握水稻接种病菌方法——剪叶法；

(3)鉴定不同水稻对白叶枯病的抗病性。

23.3　实验材料

几株不同水稻(*Oryza sativa* L.)品种孕穗期植株；

菌体浓度为 10^9 菌体/ml 的白叶枯病病原菌悬浮液。

23.4　实验用具

剪刀。

23.5　实验方法和步骤

23.5.1　田间选株

选具有典型性状、健壮无病虫害的孕穗期植株作接种品种。对供试植株要适当偏施氮肥，以利充分发病。

23.5.2　菌种培养

(1)马铃薯琼脂培养基的制备：称取去皮、切成小块的马铃薯 300g，放入 1000ml 水中加热煮烂，过滤去渣，取其滤液，加入琼脂 17g，加热溶解，再依次加入 $Ca(NO_3)_2 \cdot 4H_2O$ 0.5g，$Na_2HPO_4 \cdot 12H_2O$ 2g，蛋白胨 5g，蔗糖 15g，pH6.8～7.0。将其装入试管，经高压灭菌，去除试管制成斜面培养基。

(2)菌株繁殖：接种供试菌种，26～28℃下培养 2～3d，即可用于制备悬浮液。

23.5.3　细菌悬浮液的制备

每管加入适量自来水，用接种环或玻璃棒轻轻刮下培养基表面的黄色菌落，倒入烧杯，再用玻璃棒搅拌细菌悬浮液。

23.5.4　细菌悬浮液浓度的测定

选用大小相同的具塞刻度玻璃试管 11 支，依次排列在试管架上，将其中 10 支依次编号。各试管按表 23-1 规定加入不等量的 1% H_2SO_4 和 1% BaCl，使每管总量为 10ml。盖紧盖子，将试管充分震荡。根据标准 $BaSO_4$ 的浑浊度与细菌悬浮液浑浊度对比观察，用自来水配制细菌悬浮液到所需要的浓度，供接种用。剪叶接种鉴定所使用的病菌浓度一般为 3 亿～9 亿个细菌/ml。

表 23-1　各标准液浑浊度与细菌数浓度关系表

试管编号	1	2	3	4	5	6	7	8	9	10
1% H_2SO_4/ml	9.9	9.8	9.7	9.6	9.5	9.4	9.3	9.2	9.1	9.0
1% BaCl/ml	0.1	0.2	0.3	0.4	0.5	0.6	0.7	0.8	0.9	1.0
亿个(细菌)/ml	3	6	9	12	15	18	21	24	27	30

23.5.5　田间接种

用预先杀菌处理的、型号一致的接种剪刀蘸取菌悬液，选取植株的主茎剑叶平展叶片，剪刀平置，刀尖稍向上，剪去约叶片长度 1/10，每株接种大约 10 片叶，接种后自然条件下观察记录。

23.5.6　病情鉴定

接种后 21d 根据表 23-2 的标准鉴定病情，确定抗性类型。

表 23-2　水稻抗白叶枯病分级标准

病情数值	抗性类型		病斑大小或反应
0	抗(R)	HR	剪口处无明显病斑
1		R	病斑纵向扩展的长度 2～3cm，或者仅有褐斑反应，或病斑面积小于 10%
3		MR	病斑长度小于接种叶长的 1/4，或病斑面积少于接种面积的 20%
5	感(S)	MS	病斑长度达到 1/4，但小于 1/2，或病斑面积在 20%～49%之间
7		S	病斑长度达叶长 1/2，但小于 3/4，或病斑面积在 50%～74%之间
9		HS	病斑长度达 3/4，或病斑面积大于 75%

23.6　实验作业

(1)2 人一组，每组选 10 株孕穗期植株进行接种处理。

(2)接种后的第 21 天，观察处理过叶片的病斑长度或目测病斑占接菌叶面积的百分率，同时测量接菌叶片的平均长度。

(3)鉴定不同品种水稻对白叶枯病的抗性。

23.7　问题讨论

(1)水稻白叶枯病的传播途径和发病条件是什么？

(2)水稻白叶枯病的防治措施有哪些？

(3)水稻抗病性有怎样的抗性机制和抗性遗传？

23.8　实验记录和报告

23.8.1　学生班级______________姓名______________

23.8.2　指导教师姓名____________________________

23.8.3　实验日期________年________月________日

23.8.4　实验名称_______________________________

23.8.5　原始记录

23.8.6　实验报告

调查 10 个植株的病级，每个植株调查 3 个叶片的病级，将数据填入表 23-3 中，并对实验结果进行评述。

表 23-3　水稻白叶枯病症状识别和抗性鉴定

株号	3 个接种叶片的病级			单株平均病级
	1	2	3	
1				
2				
…				
10				
10 株平均病级			抗性类型	

实验 24　小麦赤霉病抗性的鉴定

24.1　背景知识及实验原理

小麦赤霉病[*Gibberella zeae*(Schw.) Petch]是世界温暖潮湿和半潮湿地区麦田广泛发生的一种毁灭性病害。在中国长江中下游和华南冬麦区及东北春麦区东部尤为严重,近年在黄河流域及其他地区也偶有发生。中国小麦赤霉病的发生面积已超过 $7\times10^6\,hm^2$,约占全国小麦总面积的 1/4。在长江中下游地区,1950—1990 年的 41 年间,赤霉病大流行 7 年,中度流行 14 年,大流行年麦穗发病率达 50%～100%,产量损失为 20%～40%;中度流行年份麦穗发病率为 30%～50%,产量损失为 5%～15%。小麦感染赤霉病后,不仅严重减产,而且品质恶化,种用价值降低,还产生以脱氧雪腐镰刀菌烯醇(即呕吐毒素 DON)为主的真菌毒素,对人畜都有较大的危害,食用病麦会引起眩晕、发烧、恶心、腹泻等急性中毒症状,严重时会引起出血,影响免疫力和生育力等,直接对人畜健康和生命安全构成威胁。因此,小麦中病麦率含量达到 4%以上时即不能食用,并失去商品价值,需另作处理。

中国是世界上开展小麦抗赤霉病研究最早的国家之一。自 20 世纪 50 年代开始,中国学者就针对小麦赤霉病病原菌的致病菌种、致病性及抗性鉴定技术、抗源筛选和抗赤霉病性遗传、育种等方面做了大量研究,并取得了较为显著的成绩。

小麦赤霉病是由多种镰刀菌引起的。在中国有 18 个镰刀菌或变种,其中禾谷镰刀菌占 94.5%,遍及 21 个省(市),分布最广,是导致小麦赤霉病的优势镰刀菌种。禾谷镰刀菌是兼性、非专化性寄生菌。至今为止,在小麦及其亲缘植物中未发现有免疫类型,但不同小麦品种间的抗性都存在着显著差异。

病菌毒素对植物的损害是多方面的,其中很重要的一个方面是破坏组织细胞膜,导致电解质渗漏,增大细胞渗透性,造成细胞死亡,产生病症。赤霉菌粗毒素对小麦品种具有制毒作用,其作用大小程度因品种而异。用粗毒素溶液处理抗感赤霉病不同的小麦品种其萌动一致的种子以及一叶期幼根和叶鞘,用 DDS-11A 型电导仪测定细胞渗透性变化,可以发现:在粗毒素作用下,小麦根、芽生长受抑制,但抗病品种受抑轻,感病品种受抑重,抗感品种幼根和叶鞘细胞渗透性的变化差异明显。

24.2　实验目的和要求

(1)了解小麦赤霉病抗性鉴定的原理。

(2)熟悉实验中的各步操作。

24.3　实验材料

几个抗感赤霉病程度不同的小麦品种的种子。

24.4　实验用具

培养基、恒温箱、培养皿、镊子、吸水纸、小烧杯、DDS-11A 型电导仪。

24.5 实验方法和步骤

(1)赤霉病菌株：中国科学院微生物研究所提供的禾谷镰刀菌(*Fusarium graminearum*)上海菌株 NF955。

(2)提取毒素：禾谷镰刀菌菌种经 PDA 培养基斜面扩大培养后，于无菌条件下接入麦粒培养基繁殖，在 28℃条件下暗培养 30d。取出培养物，60℃ 烘箱烘干后粉碎，称取 300g 培养干物，加 500ml 85%乙醇浸泡 1 昼夜，浸提 2 次，将 2 次浸提液合并过滤，滤液经 60℃水浴挥发浓缩即成粗毒素制备物，最后定容至 600ml，制成 50%的粗毒素溶液，用于处理幼根。

(3)种子的培养：将精选供试品种麦粒清洗、浸泡，充分吸水后放于铺有滤纸的培养皿中，置于 25℃培养箱催芽 48h，取露白一致的种子置于 20～25℃、自然光条件下培养，每天换水 2 次。

(4)毒素处理：当麦苗长到 1 叶 1 心时，取出材料，反复冲洗，甩干稍晾，按品种浸泡入盛有 60ml 50%粗毒素溶液和空白对照的烧杯中，浸泡 42h。

(5)电导率测定：取出麦苗用自来水反复冲洗，再用蒸馏水漂洗，稍晾，迅速从根节处剪下幼根，用吸水纸吸干麦根表面水分，每样品 1g 重，3 次重复，放入小烧杯，注入蒸馏水 50ml，2.5h 后夹除麦根，用 DDS-11A 型电导仪测定溶液电导率。然后将各处理材料煮沸 15min，冷却至 30℃后测煮沸液的电导率。计算相对电导率和相对电导率增量。

相对电导率(%)＝杀死前电导率/杀死后电导率(全透性)×100

相对电导率增量＝毒素处理样相对电导率－相应对照样相对电导率

24.6 实验作业

每组选取 2 个品种用于测定小麦赤霉病抗性，根据电导率测定，推断哪个品种抗性更强。

24.7 问题讨论

(1)为什么实验中采用 50%的粗毒素溶液进行处理？

(2)为什么定在麦苗的 1 叶 1 心期进行测定？

24.8 实验记录和报告

24.8.1 学生班级________________姓名________________

24.8.2 指导教师姓名________________________________

24.8.3 实验日期_________年_________月_________日

24.8.4 实验名称____________________________________

24.8.5 原始记录

24.8.6 实验报告

每组将电导率测定结果填入表 24-1，并对实验数据进行评价，推断哪个品种抗性更强。

表 24-1 不同品种遇到电导率增值

	品种 1		品种 2	
	杀死前	杀死后	杀死前	杀死后
50%粗毒素溶液处理				
平均				
相对电导率				
	杀死前	杀死后	杀死前	杀死后
空白对照处理				
平均				
相对电导率				
电导率增值(平均值)				

第三部分　生物信息学实验

实验 25　文献检索与管理

25.1　实验目的

专业文献的检索与管理是科研工作者不可或缺的工具之一。熟练掌握文献检索的相关技巧以及养成良好的文献管理习惯对科研工作有极大的裨益。本实验通过常用中英文搜索引擎、专业搜索引擎、文献数据库以及文献管理软件几种方案的介绍使学生掌握专业文献检索与管理的方法。

一般计算机检索功能包括布尔逻辑检索、词组检索、截词检索、字段检索、限制检索和位置检索等。生物文献检索是指就某一研究项目设定一个范围，对公开发表的信息进行搜索的过程。检索、阅读文献能够让你了解研究所处的背景与原理，也让你明了该领域已经进行的工作、值得考虑的研究方法和值得考虑的其他领域，避免重复、无效劳动。在确立了检索计划后，平衡检索结果的全面性和精确性，可将检索过程分解为以下步骤：

(1)检索问题焦点化；

(2)将问题分解成几个相关概念；

(3)寻找检索相关术语；

(4)考虑可供选择的同义词；

(5)检索词组配；

(6)检查和精炼。

25.2　软件与数据

常用搜索引擎：Google Scholar：http://scholar.google.com.cn/

PubMed：http://www.ncbi.nlm.nih.gov/pubmed/

校图书馆数据库导航：http://210.32.137.90/newportal/libtb/index.jsp

文献管理软件：Endnote X4(Office 2010)

25.3　实验步骤

25.3.1　利用常用搜索引擎获取相关生物学知识或信息

合理利用信息检索技巧，并注意获取结果的可靠性。

25.3.2　PubMed 使用

PubMed 是由隶属于美国国家卫生部 NIH 的国家医学图书馆 NLM 下属的国家生物技

术信息中心 NCBI 维护。收录了 1966 年以来 70 多个国家和地区的 4000 多种生物医学期刊，现有书目文摘条目 1000 万余条(图 25-1)。

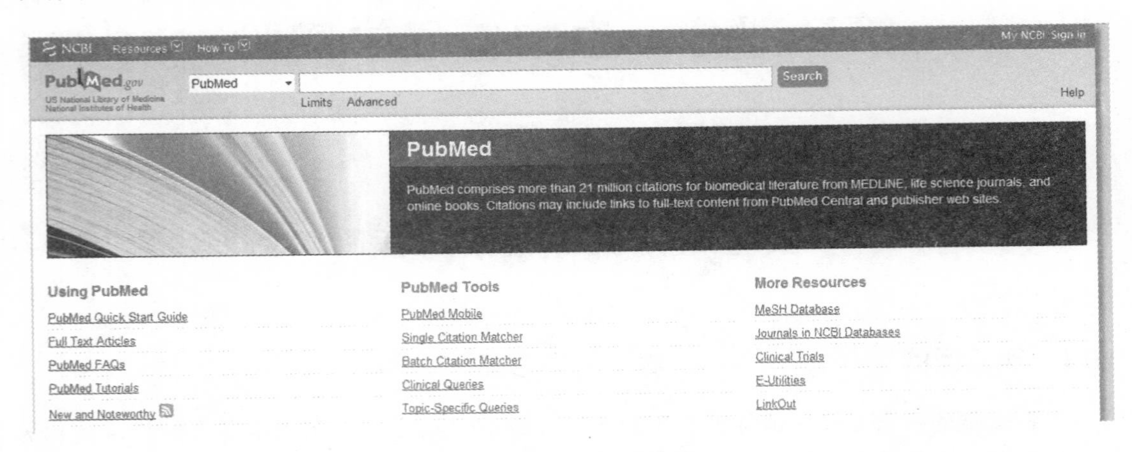

图 25-1　PubMed 界面

PubMed 的基本检索技巧同前所述；通过 Advanced search 可进行高级检索，如图 25-2 所示。

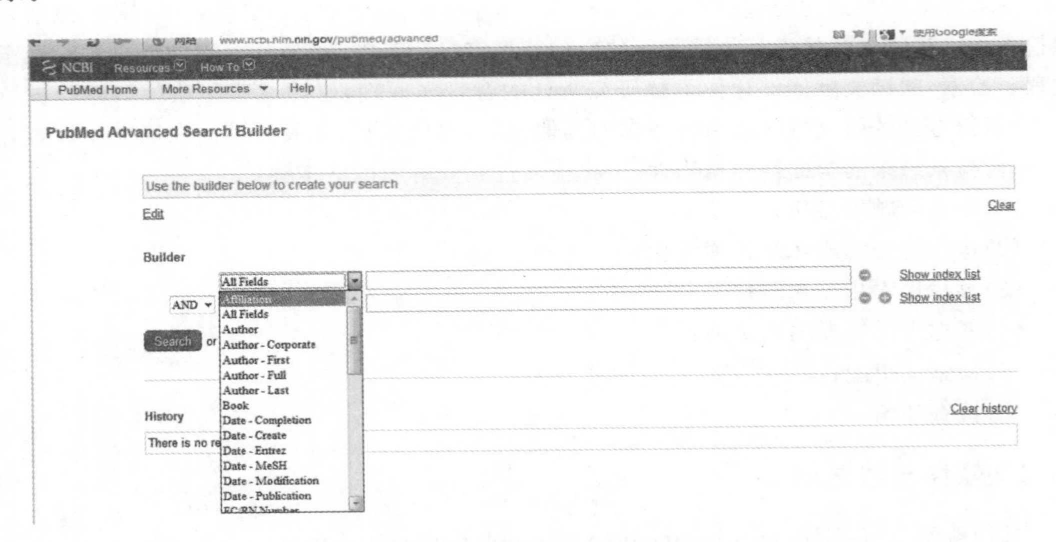

图 25-2　PubMed 高级检索界面

25.3.3　全文数据库

Elsevier ScienceDirect、Springer、EBSCO、BlackWell、John Wiley Publisher、Nature、Science、High Wire Press、PNAS、CSH Publishing、BioMed Central、PLoS、万方、维普。

25.3.4　文献检索与管理软件 Endnote X4

新版的 Endnote X4 搭配 Office 2010 使用管理文献非常方便。Endnote X4 的界面与在 Word 中的加载项如图 25-3 所示。

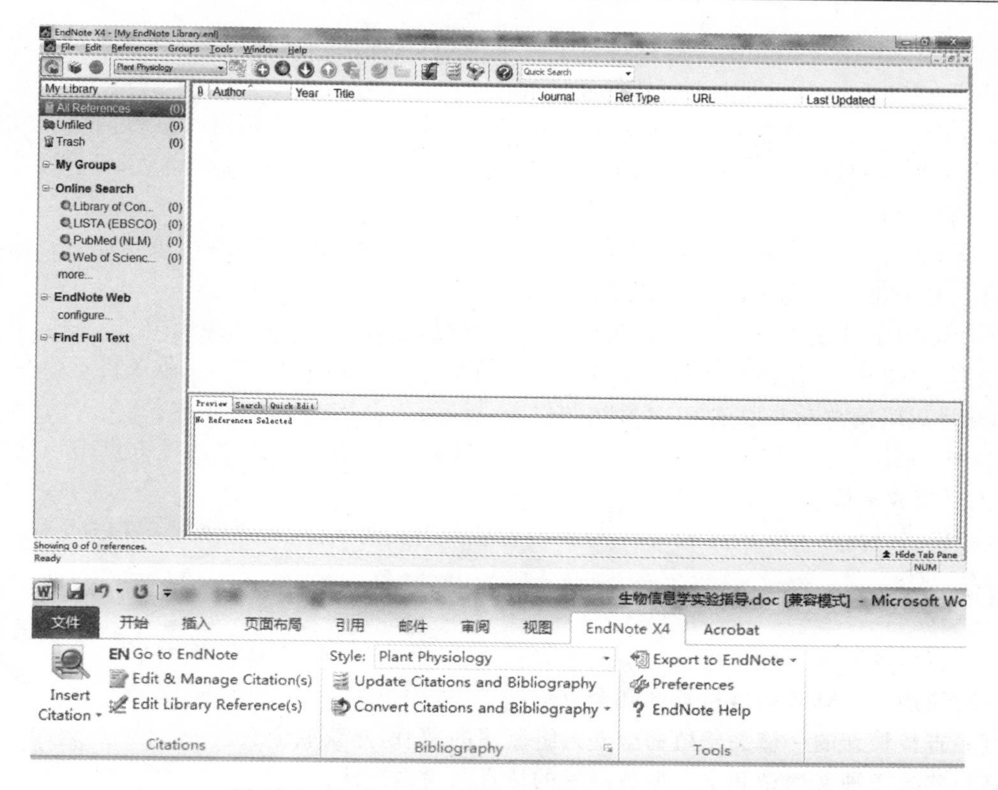

图 25-3 Endnote X4 的界面与在 Word 中的加载项

(1)Online Search：Endnote 可直接对各大文献数据库进行检索，并且可自由添加文献数据库，通常选择 PubMed 及 Web of Science 可满足常规文献的查找工作。检索到的结果自动保存在 Library 中。

(2)双击检索到的文献，可以查看该文献的详细信息，可分别对每项进行编辑、修改(图 25-4)。

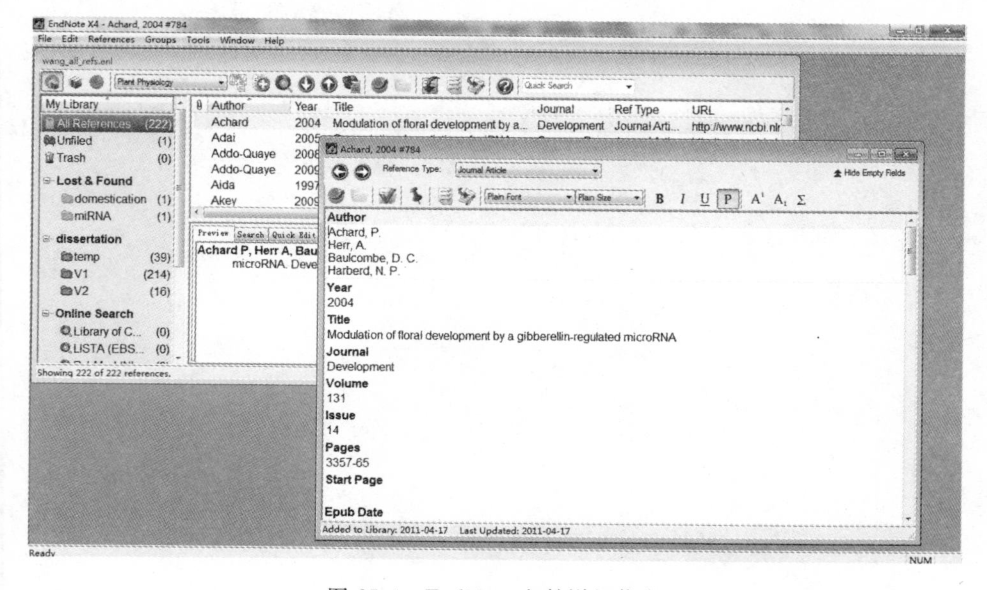

图 25-4 EndNote 文献详细信息

(3)Output style:Endnote 官网可以下载超过 5000 种期刊的参考文献格式,可以方便地在"Edit"→"Output Style"中进行选择和更改。

(4)My groups:通过 My groups 可以方便地将文献分类。比如同时进行两篇文章的撰写,可以分别将两篇文章涉及的引文放入不同的 group 中,这样就可以在一个 Library 中管理近乎所有的文献。

(5)New Style...:如果 Style 库中实在找不到需要的格式,可以利用该功能自己定制一种 Style,所有的细节均可以进行编辑。

(6)与 PDF 全文关联:Endnote X4 导入 PDF 时,EndNote X4 会遍历 PDF 文档,智能地找到文档的 DOI 号,从而与文献库里已经存在的条目智能地匹配;如果文献条目不存在,则根据 DOI 号码联网自动获取该 PDF 文档的作者、标题、杂志及年卷期等信息。

(7)Insert Selected Citation(s):文章撰写过程中,在需要插入引文的地方点击该选项,可以插入一篇或多篇引文,且自动排序。

(8)Bibliography 和 Preferences:可以设置插入引文的字体、格式、大小等信息。

25.4 问题与讨论

(1)利用各种搜索方法找出 5 个生物信息学(Bioinformatics)网络资源站点。

(2)简述 PubMed 高级检索的几个方法。

(3)查找最新的一篇关于植物全基因组测序的文章,并获取全文。

(4)熟悉各种文摘型和全文型数据库的特点及检索方法。

(5)利用 Endnote X4 检索并管理 20 篇关于植物非编码小 RNA 相关的文章,打开任一 Word 文档,以 Nature 杂志格式插入文档中不同位置,并将全部文献列于最后。

(6)任选一感兴趣主题,利用 Endnote 检索,将检索结果以文本文件导出保存到 txt 文件中。

实验 26　常用分子生物学数据库检索与使用

26.1　实验目的

GenBank/EMBL/DDBJ 是三个最著名的核苷酸序列数据库，属于一级数据库，分别由美国的 NCBI(http://www.ncbi.nlm.nih.gov/Genbank/GenbankOverview.html)(图 26-1)、欧洲的 EBI(http://www.ebi.ac.ukemblindex.html)以及日本的 CIB(http://www.ddbj.nig.ac.jp)维护。三者每天相互交换数据，因此三个数据库的数据是同步的。三个数据库包含的信息非常庞大，这里主要从文件格式、数据库关键词检索以及序列相似性搜索三个方面介绍一级数据库，以及一些重要的蛋白质和物种等二级数据库的检索与使用。要求掌握常用数据库的一般检索方法以及获得信息识别的能力。学会利用格式转换软件进行不同格式间的转换。掌握 Entrez 一般检索功能及高级检索功能 limits、index、剪切板的用法。掌握 Blast 的基本比对方法、Blast 的参数设置及 Blast 结果分析。

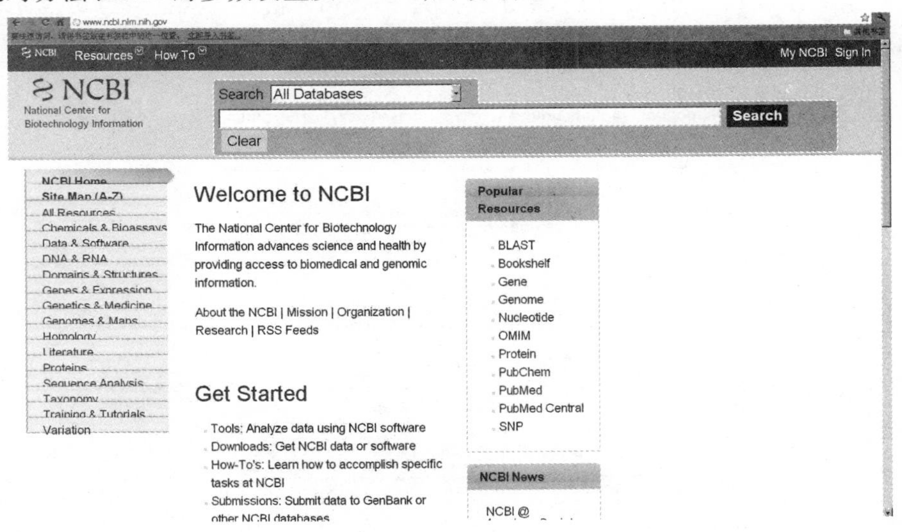

图 26-1　GenBank 数据库

26.2　软件与数据

26.2.1　数据库与软件

GenBank (http://www.ncbi.nlm.nih.gov/)、Entrez (http://www.ncbi.nlm.nih.gov/Entrez)、Blast (http://www.ncbi.nlm.nih.gov/BLAST)、Swiss-Prot (http://us.expasy.org/sprot/)、Pfam (http://pfam.sanger.ac.uk/)、PROSITE (http://prosite.expasy.org/)、PDB (http://www.rcsb.org/pdb/home/home.do)、文本编辑软件 UltraEdit/Editplus、格式转换软件 READSEQ (http://iubio.bio.indiana.edusoftmolbio/readseqjava 或 http://www.ebi.ac.uk/cgi-bin/readseq.cgi)。

26.2.2　数据

X61622、AY222791.1、lambda repressor protein CI、Waxy gene in rice、OPRM_RAT/SSR1_HUMAN。

26.3　实验步骤

26.3.1　常用生物学数据格式及数据库简介

FASTA 格式:用于存储 DNA 和蛋白质序列最简明的方法。文本文件几乎可以被所有生物学相关软件读取。FASTA 格式第一行为描述行,首先是一个大于符“＞”,接着是序列标示符及相关描述,几乎可以是任意字符。所有描述信息必须在第一行完成,然后第二行之后为序列行,可为碱基或者氨基酸序列。

＞ sp | P01588 | EPO _ HUMAN ERYTHROPOIETIN PRECURSOR-Homo sapiens (Human). MGVHECPAWLWLLLSLLSLPLGLPVLGAPPRLICDSRVLERYLLEAKEAENITTGCAEHCSLNENITVPDTKVNFYAWKRMEVGQQAVEVWQGLALLSEAVLRGQALLVNSSQPWEPLQLHVDKAVSGLRSLTTLLRALGAQKEAISPPDAASAAPLRTITADTFRKLFRVYSNFLRGKLKLYTGEACRTGDR

三大数据库除了 FASTA 格式外,最主要的是 Flat File 格式。其特点为易被计算机读取且注释信息容易识别。以 GenBank Flat File 格式为例,如图 26-2 所示。

```
Oryza sativa (japonica cultivar-group) strain IRGC seed accession no.
Nipponbare granule-bound starch synthase (waxy) gene, partial cds
GenBank: EF069996.1
FASTA  Graphics  PopSet

Go to:

LOCUS       EF069996                 536 bp    DNA     linear   PLN 08-JUN-2007
DEFINITION  Oryza sativa (japonica cultivar-group) strain IRGC seed accession
            no. Nipponbare granule-bound starch synthase (waxy) gene, partial
            cds.
ACCESSION   EF069996
VERSION     EF069996.1  GI:117297404
KEYWORDS    .
SOURCE      Oryza sativa Japonica Group (Japanese rice)
  ORGANISM  Oryza sativa Japonica Group
            Eukaryota; Viridiplantae; Streptophyta; Embryophyta; Tracheophyta;
            Spermatophyta; Magnoliophyta; Liliopsida; Poales; Poaceae; BEP
            clade; Ehrhartoideae; Oryzeae; Oryza.
REFERENCE   1  (bases 1 to 536)
  AUTHORS   Zhu,Q., Zheng,X., Luo,J., Gaut,B.S. and Ge,S.
  TITLE     Multilocus analysis of nucleotide variation of Oryza sativa and its
            wild relatives: severe bottleneck during domestication of rice
  JOURNAL   Mol. Biol. Evol. 24 (3), 875-888 (2007)

   PUBMED   17218640
REFERENCE   2  (bases 1 to 536)
  AUTHORS   Zhu,Q.-H., Zheng,X.-M., Luo,J.-C., Gaut,B.S. and Ge,S.
  TITLE     Direct Submission
  JOURNAL   Submitted (18-OCT-2006) Laboratory of Systematic and Evolutionary
            Botany, Institute of Botany, The Chinese Academy of Sciences,
            Xiangshan, Nanxincun 20, Beijing, Beijing 100093, China
FEATURES             Location/Qualifiers
     source          1..536
                     /organism="Oryza sativa Japonica Group"
                     /mol_type="genomic DNA"
                     /strain="IRGC seed accession no. Nipponbare"
                     /db_xref="taxon:39947"
                     /country="Japan"
     gene            <1..>536
                     /gene="waxy"
     mRNA            join(<1..74,432..>536)
                     /gene="waxy"
                     /product="granule-bound starch synthase"
     CDS             join(<1..74,432..>536)
                     /gene="waxy"
                     /codon_start=3
                     /product="granule-bound starch synthase"
                     /protein_id="ABK33399.1"
                     /db_xref="GI:117297405"
                     /translation="IKVVGTPAYEEMVRNCMNQDLSWKGPAKNWENVLLGLGVAGSAP
                     GIEGDEIAPLAKENV"
ORIGIN
        1 ccatcaaggt cgtcggcacg ccggcgtacg aggagatggt caggaactgc atgaaccagg
       61 acctctcctg gaaggtataa attacgaaac aaatttaacc caaacatata ctatatactc
      121 cctccgcttc taaatattca acgccgttgt ctttttttaaa tatgtttgac cattcgtctt
      181 attaaaaaaa ttaaataatt ataaattctt ttcctatcat ttgattcatt gttaaatata
      241 cttatatgta tacatatagt tttacatatt tcataaaatt ttttgaacaa gacgaacggt
      301 caaacatgtg ctaaaaagtt aacggtgtcg aatattcaga aacggaggga gtataaacgt
      361 cttgttcaga agttcagaga ttcacctgtc tgatgctgat gatgattaat tgtttgcaac
      421 atggatttca ggggcctgcg aagaactggg agaatgtgct cctgggcctg ggcgtcgccg
      481 gcagcgcgcc ggggatcgaa ggcgacgaga tcgcgccgct cgccaaggag aacgtg
//
```

图 26-2　GenBank Flat File 格式

利用文本编辑器以及 READSEQ 可以方便地进行序列格式间的转换。

SwissProt 是经过详细注释的蛋白质数据库。每个序列条目包含了非常详细的注释信息。SwissProt 尽量减少了冗余序列，并与许多数据库建立了交叉引用。

Pfam 为二级数据库，是用以预测蛋白质结构域的数据库。Pfam 的独特之处在于其利用多序列比对及隐马尔可夫模型手工建立的数据库，是理解蛋白质结构和功能的重要数据库，并应用于系统进化、二级结构预测和序列注释等。

PROSITE 是应用普遍的序列谱、模式、motif 数据库，是序列分析最有效的数据库之一，能帮助我们快速识别未知序列包含的抑制蛋白质 motif。PROSITE 是用于 ujibenxulie 分析及蛋白质功能确定的另一个重要数据库。

水稻基因组注释数据库(http://rice.plantbiology.msu.edu/)。

拟南芥基因组注释数据库(www.arabidopsis.org/)。

禾本科比较基因组数据库(http://www.gramene.org/)。

26.3.2 利用检索系统搜索数据库

Entrez 是 NCBI 创建的一个查询检索系统，可检索相链接的几个数据库的信息，实现了将科学文献、DNA 和蛋白质序列、3D 蛋白质结构和蛋白质功能域数据、人口研究数据集、基因表达数据、完整的基因组测序数据和分类学信息集合成一个紧密的系统，为需求用户提供了方便、快捷、高效的生物医学信息检索途径。具有自动词语组配、词组检索、截词检索和识别复杂检索式等常用的检索功能，同时还具有唯一标识符检索、相对分子质量检索等一些特殊检索功能。可根据不同需求和目的选择主题检索、短语检索、著者检索、特定标识符检索、相对分子质量检索、范围检索、截词检索、合成子集等检索途径来查询相关文献和信息。

Entrez 使用的布尔逻辑运算符为 AND、OR、NOT。例如，要查找数据库中 1999 年收录的氨基酸长度为 50 到 60 之间的所有人类蛋白质序列，可在蛋白质数据库中使用表达式：human[ORGN] AND 50[SLEN]：60[SLEN] AND 1999[MDAT]。

高级检索包括了特征栏上的限定(Limits)、预览/索引(Preview/Index)、历史(History)和剪贴板(Clipboard)等补充功能，以及上面提到的复杂的检索表达式(图 26-3)。

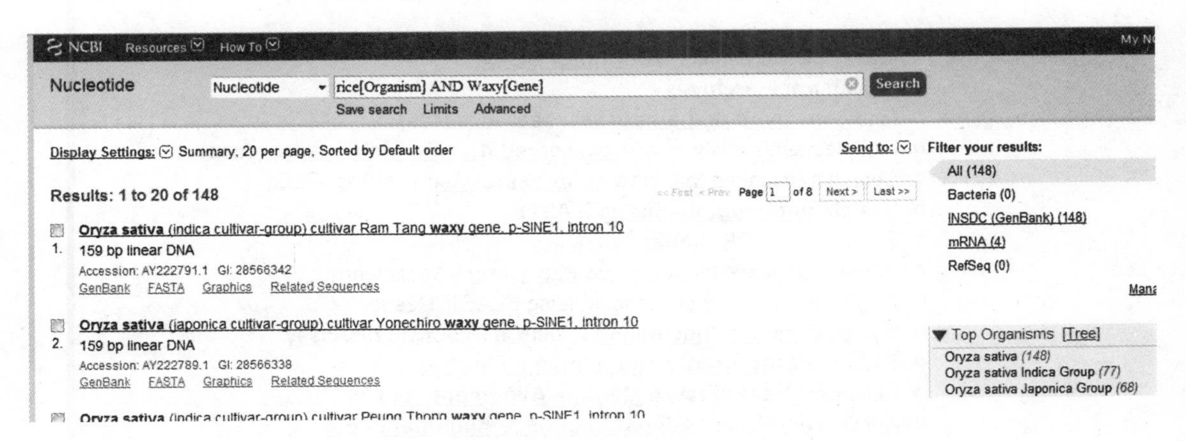

图 26-3 NCBI 高级检索

26.3.3　序列相似性搜索

序列相似性搜索可通过 Blast 程序，包括 Basic BLAST（图 26-4）、Specialized BLAST（图 26-5）。

BLAST®
Basic Local Alignment Search Tool
Home
Recent Results
Saved Strategies
Help
NCBI/ BLAST Home
BLAST finds regions of similarity between biological sequences. more...
New Aligning Multiple Protein Sequences? Try the COBALT Multiple Alignment Tool. Go
BLAST Assembled RefSeq Genomes
Choose a species genome to search, or list all genomic BLAST databases.
Human
Mouse
Rat
Arabidopsis thaliana
Oryza sativa
Bos taurus
Danio rerio
Drosophila melanogaster
Gallus gallus
Pan troglodytes
Microbes
Apis mellifera
Basic BLAST
Choose a BLAST program to run.
nucleotide blast
Search a nucleotide database using a nucleotide query
Algorithms: blastn, megablast, discontiguous megablast
protein blast
Search protein database using a protein query
Algorithms: blastp, psi-blast, phi-blast
blastx
Search protein database using a translated nucleotide query
tblastn
Search translated nucleotide database using a protein query
tblastx
Search translated nucleotide database using a translated nucleotide query

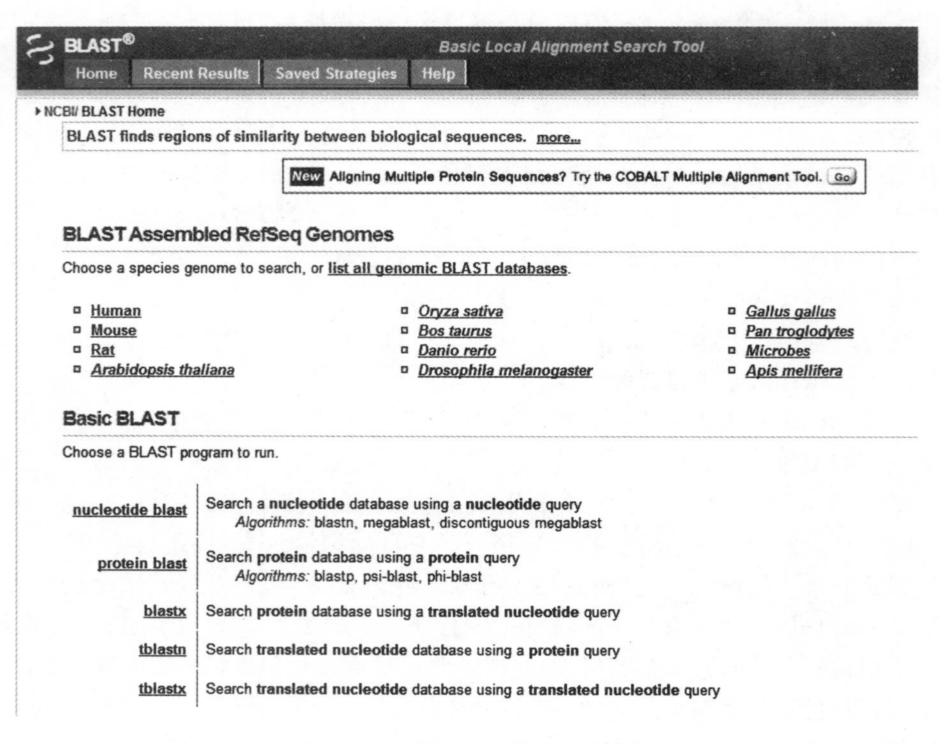

图 26-4　5 种 Basic BLAST 程序

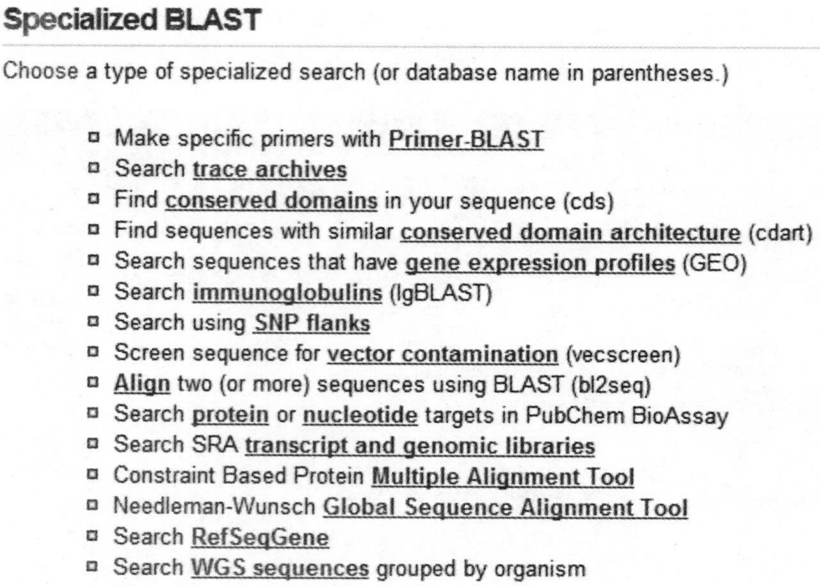

Specialized BLAST
Choose a type of specialized search (or database name in parentheses.)
Make specific primers with Primer-BLAST
Search trace archives
Find conserved domains in your sequence (cds)
Find sequences with similar conserved domain architecture (cdart)
Search sequences that have gene expression profiles (GEO)
Search immunoglobulins (IgBLAST)
Search using SNP flanks
Screen sequence for vector contamination (vecscreen)
Align two (or more) sequences using BLAST (bl2seq)
Search protein or nucleotide targets in PubChem BioAssay
Search SRA transcript and genomic libraries
Constraint Based Protein Multiple Alignment Tool
Needleman-Wunsch Global Sequence Alignment Tool
Search RefSeqGene
Search WGS sequences grouped by organism

图 26-5　Specialized BLAST 程序

BlastN 界面如图 26-6 所示。图 26-7 至图 26-10 显示 BlastN 的参数设置、结果等信息。

BlastN
BLAST
Home
Recent Results
Saved Strategies
Help
Enter Query Sequence
Enter accession number, gi, or FASTA sequence
序列或目标序列的GI号
Or, upload file
以文件格式上传
Job Title
Choose Search Set
Database
选择数据库
Program Selection
Optimize for
BLAST
Algorithm parameters

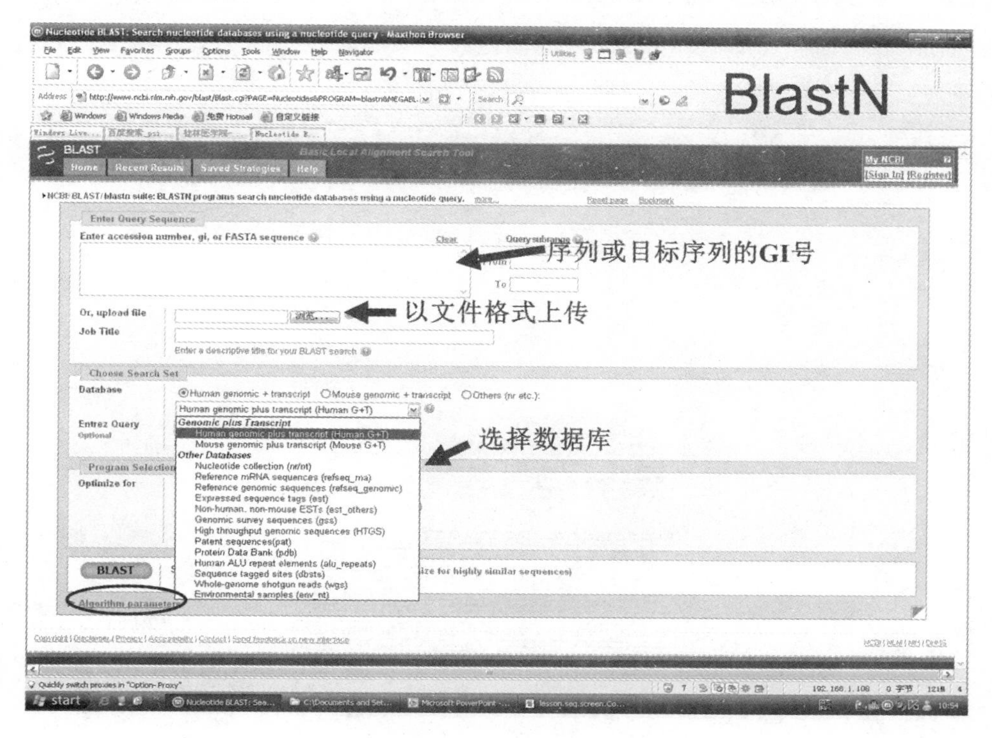

图 26-6　BlastN 界面

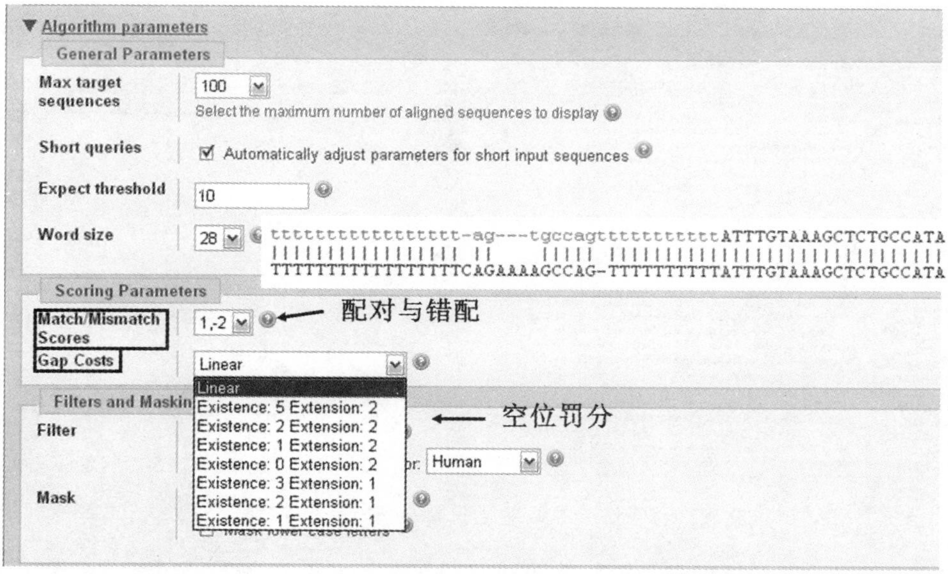

Algorithm parameters
General Parameters
Max target sequences
100
Select the maximum number of aligned sequences to display
Short queries
Automatically adjust parameters for short input sequences
Expect threshold
10
Word size
28
tttttttttttttttttt-ag---tgccagtttttttttttATTTGTAAAGCTCTGCCATA
TTTTTTTTTTTTTTTTTTCAGAAAAGCCAG-TTTTTTTTTTATTTGTAAAGCTCTGCCATA
Scoring Parameters
Match/Mismatch Scores
1,-2
配对与错配
Gap Costs
Linear
Linear
Existence: 5 Extension: 2
Existence: 2 Extension: 2
Existence: 1 Extension: 2
Existence: 0 Extension: 2
Existence: 3 Extension: 1
Existence: 2 Extension: 1
Existence: 1 Extension: 1
空位罚分
Filters and Masking
Filter
Human
Mask

图 26-7　BlastN 参数设置

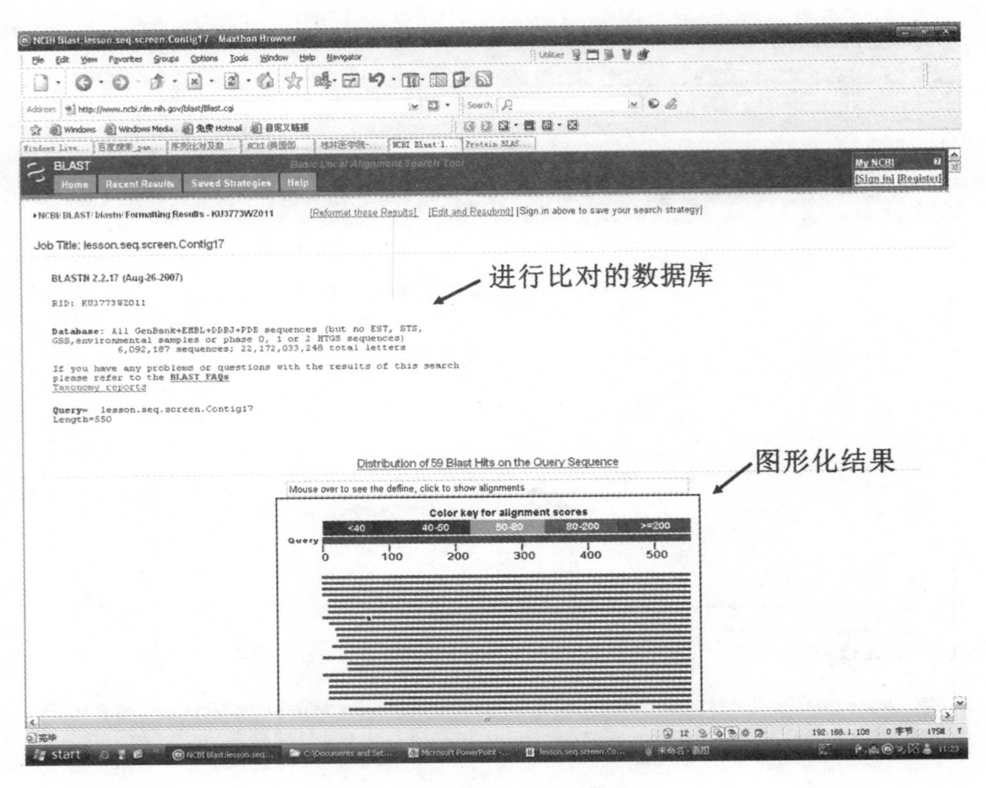

图 26-8　BlastN 图形化结果

Legend for links to other resources: U UniGene E GEO G Gene S Structure M Map Viewer

Sequences producing significant alignments:
(Click headers to sort columns)

Accession	Description	Max score	Total score	Query coverage	E value	Max ident	Links
BC053661.1	Homo sapiens propionyl Coenzyme A carboxylase, beta polypeptide,	992	992	100%	0.0	99%	UG
NM_000532.3	Homo sapiens propionyl Coenzyme A carboxylase, beta polypeptide (	[illegible]	989	100%	[illegible]	[illegible]	UEG
BC013768.1	Homo sapiens propionyl Coenzyme A carboxylase, beta polypeptide,	989	989	100%	0.0	99%	UEG
AK225215.1	Homo sapiens mRNA for propionyl Coenzyme A carboxylase, beta pol	987	987	100%	0.0	99%	UG
XM_001150022.1	PREDICTED: Pan troglodytes propionyl Coenzyme A carboxylase, bet	976	976	98%	0.0	99%	G
BC018013.1	Homo sapiens, clone IMAGE:4284020, mRNA, partial cds	976	976	98%	0.0	99%	UEG
AK130359.1	Homo sapiens cDNA FLJ26849 fis, clone PRS07953, highly similar to P	976	976	98%	0.0	99%	UG
AF217984.1	Homo sapiens clone PP1591 unknown mRNA	974	974	100%	0.0	98%	UEG
S67325.1	propionyl CoA carboxylase beta subunit [human, liver, placenta, HL1C	968	968	98%	0.0	99%	UEG
CR624803.1	full-length cDNA clone CS0DC020YG24 of Neuroblastoma Cot 25-norr	957	957	96%	0.0	99%	UG
CR601703.1	full-length cDNA clone CS0DD002YE13 of Neuroblastoma Cot 50-norn	953	953	96%	0.0	99%	UG
CR618864.1	full-length cDNA clone CS0DI034YD03 of Placenta Cot 25-normalized	948	948	95%	0.0	99%	UG
X73424.1	Homo sapiens gene for propionyl-CoA carboxylase a subunit	935	935	97%	0.0	98%	UEG
CR621266.1	full-length cDNA clone CS0DA008YD19 of Neuroblastoma of Homo sa	933	933	94%	0.0	99%	UG
CR860849.1	Pongo pygmaeus mRNA; cDNA DKFZp469O2014 (from clone DKFZp4	929	929	100%	0.0	97%	
CR614392.1	full-length cDNA clone CS0DC016YC01 of Neuroblastoma Cot 25-norr	926	926	93%	0.0	99%	UG
CR607835.1	full-length cDNA clone CS0DC014YN09 of Neuroblastoma Cot 25-norn	924	924	93%	0.0	99%	UG
AB169915.1	Macaca fascicularis brain cDNA, clone: QccE-19802, similar to human	902	902	100%	0.0	96%	U
XM_001114940.1	PREDICTED: Macaca mulatta propionyl Coenzyme A carboxylase, bet	898	898	98%	0.0	96%	UG
XM_001114968.1	PREDICTED: Macaca mulatta propionyl Coenzyme A carboxylase, bet	898	898	98%	0.0	96%	UG
XM_001114952.1	PREDICTED: Macaca mulatta propionyl Coenzyme A carboxylase, bet	898	898	98%	0.0	96%	UG
XM_001114982.1	PREDICTED: Macaca mulatta propionyl Coenzyme A carboxylase, bet	898	898	98%	0.0	96%	UG
CR603056.1	full-length cDNA clone CS0DM008YN06 of Fetal liver of Homo sapiens	824	824	83%	0.0	99%	UG
CR609162.1	full-length cDNA clone CS0DI021YO05 of Placenta Cot 25-normalized	787	787	79%	0.0	99%	UEG
XM_001496380.1	PREDICTED: Equus caballus hypothetical protein LOC100065950 (LOC	651	651	98%	0.0	88%	UG
AB209009.1	Homo sapiens mRNA for Propionyl Coenzyme A carboxylase, beta pol	649	649	65%	0.0	99%	UG
[illegible]	PREDICTED: Canis familiaris similar to Propionyl-CoA carboxylase be	[illegible]	[illegible]	[illegible]	[illegible]	[illegible]	[illegible]

图 26-9　BlastN 结果显示 score，E-value 等信息

E 值(E-value)表示仅仅因为随机性造成获得这一比对结果的可能性。这一数值越接近零，发生这一事件的可能性越小。

```
>□gb|BC053661.1| UG Homo sapiens propionyl Coenzyme A carboxylase, beta polypeptide,
mRNA (cDNA clone MGC:61502 IMAGE:6054692), complete cds
Length=1796

 GENE ID: 5096 PCCB | propionyl Coenzyme A carboxylase, beta polypeptide
[Homo sapiens] (Over 10 PubMed links)

 Score =  992 bits (537),  Expect = 0.0
 Identities = 546/550 (99%), Gaps = 1/550 (0%)
 Strand=Plus/Minus

Query  1     tttttttttATCTTTCTAGAATTTAATAAACTTAGTTATTCTAAGTTATCCAACTATTTG  60
             ||||||||||||||||||||||||||||||||||||||||||||||||||||||||||||
Sbjct  1789  TTTTTTTTTATCTTTCTAGAATTTAATAAACTTAGTTATTCTAAGTTATCCAACTATTTG  1730

Query  61    GATTCCCAGGTTTCATGATTGCAAAAGGCAGGAATGGGATGTGAATGGGCAGACAGTAAT  120
             ||||||||||||||||||||||||||||||||||||||||||||||||||||||||||||
Sbjct  1729  GATTCCCAGGTTTCATGATTGCAAAAGGCAGGAATGGGATGTGAATGGGCAGACAGTAAT  1670

Query  121   TCAGTTCTTGGTTTCTTTTCCTTTGATTTGTTTACAATGGAATATTTGCATGTTTTCTCC  180
             ||||||||||||||||||||||||||||||||||||||||||||||||||||||||||||
Sbjct  1669  TCAGTTCTTGGTTTCTTTTCCTTTGATTTGTTTACAATGGAATATTTGCATGTTTTCTCC  1610

Query  181   AAGGACGTTGTTACTTTCTTGCTGGCCAAGACATCCAGGTCACAGCAGATTCGGGCACGT  240
             |||||||||| ||| ||||||||||||||||||||||||||||||||||||||||||||||
Sbjct  1609  AAGGACGTTG-TACCTTCTTGCTGGCCAAGACATCCAGGTCACAGCAGATTCGGGCACGT  1551

Query  241   GTGGAAGAAGGTTGGATGATGTCATCCACAAACCCTCGCACTGCTGCAGGGAAAGGGTTG  300
             ||||||||||||||||||||||||||||||||||||||||||||||||||||||||||||
Sbjct  1550  GTGGAAGAAGGTTGGATGATGTCATCCACAAACCCTCGCACTGCTGCAGGGAAAGGGTTG  1491

Query  301   GCAAACTTCTCGATGTACTCTGCCTGAGCAGCTTCCACATTCTCATGCCCTTTGAAGATG  360
             ||||||||||||||||||||||||||||||||||||||||||||||||||||||||||||
Sbjct  1490  GCAAACTTCTCGATGTACTCTGCCTGAGCAGCTTCCACATTCTCATGCCCTTTGAAGATG  1431

Query  361   ATCTCCACAGCGCCCTTTGCTCCCATGACTGCAATCTCTGCGGTGGGCCAGGCATAGTTG  420
             ||||||||||||||||||||||||||||||||||||||||||||||||||||||||||||
Sbjct  1430  ATCTCCACAGCGCCCTTTGCTCCCATGACTGCAATCTCTGCGGTGGGCCAGGCATAGTTG  1371

Query  421   GTATCACCCCAAAGGTGCTTAGAGCTCATGACATCATAGGCACCTCCATAGGCCTTCCTG  480
             |||||||| |||||||||||||||||||||||||||||||||||||||||||||||||||
Sbjct  1370  GTATCACCACAAAGGTGCTTAGAGCTCATGACATCATAGGCACCTCCATAGGCCTTCCTG  1311

Query  481   GTGATGACTGTGACTTTGGGTACAATTGCCTCAGCAAATGCGTAGAGAAGCTTGGCACCA  540
             |||||||||||||||||||||||| |||||||||||||||||||||||||||||||||||
Sbjct  1310  GTGATGACTGTGACTTTGGGTACAGTTGCCTCAGCAAATGCGTAGAGAAGCTTGGCACCA  1251

Query  541   TGCCGGATGA  550
             ||||||||||
Sbjct  1250  TGCCGGATGA  1241
```

图 26-10　序列比对显示 E-value 为 0 的 BlastN 结果

26.4　问题与讨论

(1)从 GenBank 获取一条核苷酸序列,保存为 GenBank 格式。阅读该序列,是否能获得对应的编码区信息,是否有对应的蛋白质序列?利用 READSEQ 将其转化为 FASTA 格式。

(2)访问 SwissProt 数据库,检索"lambda repressor protein CI"蛋白的 accession number,并回答:该蛋白是否有氨基酸残基与 DNA 结合有关?该蛋白的 3D 结构已知吗?

(3)获得 GenBank 中所有水稻的 Waxy 基因相关序列,以 FASTA 格式保存。

(4)了解 GenBank 数据库的整个数据结构构成。对于自己研究相关的物种,是否已有全面的生物学序列数据库?该数据库目前能对你的研究提供哪些信息与帮助?

(5)对于查询同源性较远的相似序列,为什么蛋白质查询比 DNA 要好?

(6)利用以下序列选择 nr 数据库进行 BLASTN 和 BLASTX 比对,观察两个结果有何异同。http://ibi.zju.edu.cn/bioinplant/courses/homework_bioinformatics_2011_winter_gradurate.htm

(7)有一未知 mRNA 序列(下载),如何确定该序列来自何物种?有没有其他序列与该序列"非常相似"?它们都来自于何物种?功能是什么?

(8)利用 bl2seq 比较两序列 OPRM_RAT 和 SSR1_HUMAN(SwissProt entries):该比较是局部联配还是全局联配?Identity 的含义是什么?调整不同的参数,比对结果有何变化?

(9)尝试着用 Primer-BLAST 为你的 PCR 实验设计一次引物,跟常用的引物设计软件 Primer3 或 Primer Premier5 有何不同?

实验 27　真核生物基因结构预测

27.1　实验目的

真核生物的基因组中往往包含了成千上万条蛋白质编码序列。将这些基因结构鉴定出来是生物信息学的一个研究热点。真核生物的基因组比较大，基因密度低，富含重复序列和转座元件，基因编码区被内含子打断成片段(外显子)。根据真核生物基因结构的一些特点，比如外显子-内含子结构、剪接结合位点、密码子偏好、poly-A 尾巴、启动子区保守元件、转录起始和终止位点等等(图 27-1)，利用隐马尔可夫模型等算法可以进行 *de novo* 的基因结构预测，此外，根据序列同源性(Homology-based)可以进行同源基因的预测，以及结合两种策略的一致性方法(Consensus-based)。

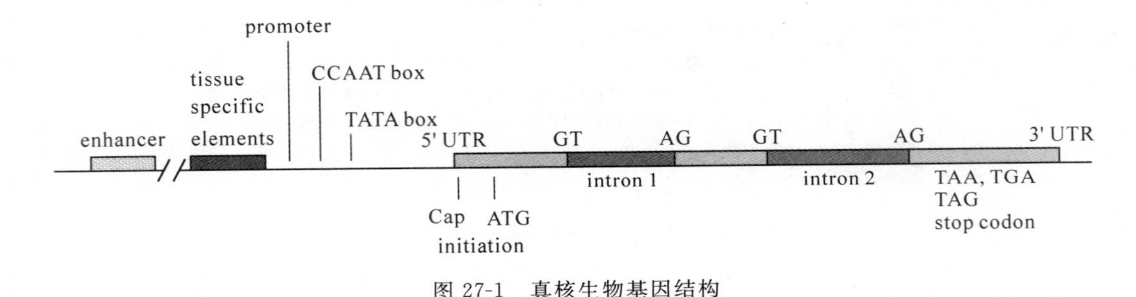

图 27-1　真核生物基因结构

基因结构分析常用软件如表 27-1、表 27-2 所示。

表 27-1　基因结构分析常用软件

基因结构分析	开放读码框	GENSCAN
		GENOMESCAN
	CpG 岛	CpGPlot
	启动子/转录起始位点	PromoterScan
	转录终止信号	POLYAH
	密码子偏好分析	CodonW
	mRNA 剪切位点	NETGENE2
		Spidey
	选择性剪切	ASTD

表 27-2　基因开放阅读框/基因结构分析识别工具

ORF Finder	http://www.ncbi.nlm.nih.gov/gorf/gorf.html	NCBI	通用
BestORF	http://linuxl.softberry.com/berry.phtml? topic=bestorf&group=programs&subgroup=gfind	Softberry	真核
GENSCAN	http://genes.mit.edu/GENSCAN.html	MIT	脊椎、拟南芥、玉米
Gene Finder	http://rulai.cshl.org/tools/genefinder	Zhang lab	人、小鼠、拟南芥、酵母
FGENESH	http://linuxl.softberry.com/berry.phtml? topic=fgenesh&group=programs&subgroup=gtind	Softberry	真核(基因结构)
GeneMark	http://opal.biology.gatech.edu/GeneMark/eukhmm.cgi	GIT	原核
GLIMMER	http://www.ncbi.nlm.nih.gov/genomes/MICROBES/glimmer_3.cgi http://www.cbcb.umd.edu/software/glimmer	Maryland	原核
Fgenes	http://linuxl.softberry.com/berry.phtml? topic=fgenes&group=programs&subgroup=gfind	Softberry	人(基因结构)
FgeneSV	http://linuxl.softberry.com/berry.phtml? topic=virus&group=programs&subgroup=gfindv	Softberry	病毒
Generation	http://compbio.ornl.gov/generation/	ORNL	原核
FGENESB	http://linuxl.softberry.com/berry.phtml? topic=fgenesb&group=programs&subgroup=gfindb	Softberry	细菌(基因结构)
GenomeScan	http://genes.mit.edu/genomescan.html	MIT	脊椎、拟南芥、玉米
GeneWise 2	http://www.ebi.ac.uk/Wise2/	EBI	人
GRAIL	http://grail.lsd.ornl.gov/grailexp/	ORNL	人、小鼠、拟南芥、果蝇

27.2　软件与数据

27.2.1　软件

GENSCAN、FGENESH。

27.2.2　数据

A BAC sequence of bamboo (http://ibi.zju.edu.cn/bioinplant/courses/bamboo_genomic_sequence.fasta)、FXYD5。

27.3　实验步骤

27.3.1　GENSCAN

GENSCAN 是基因预测的一款常用软件(图 27-2、图 27-3)。

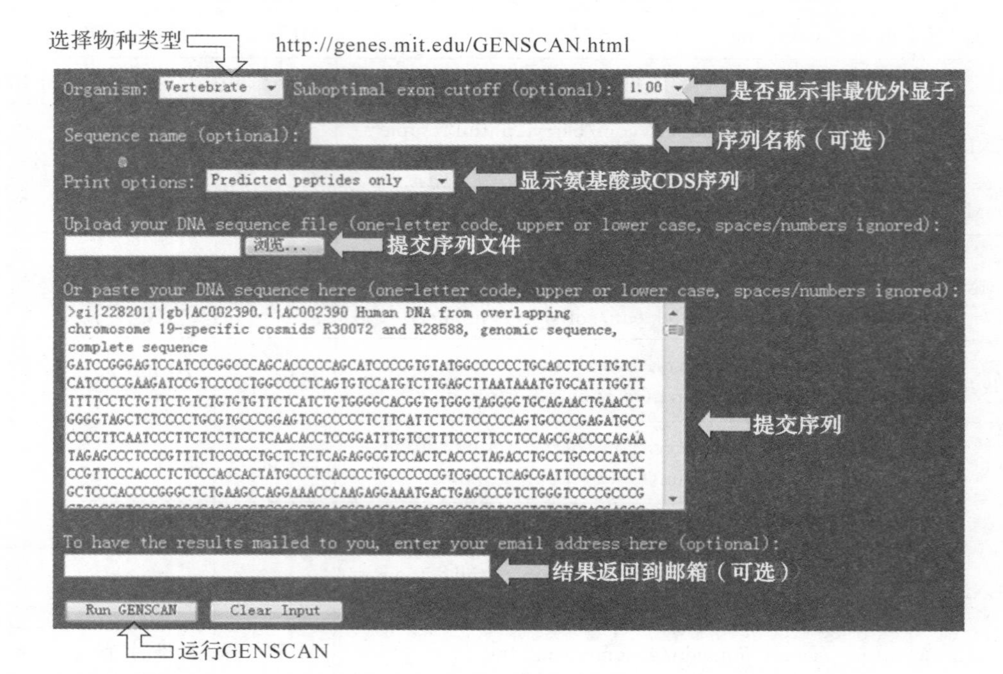

图 27-2　GENSCAN 界面

预测单位编号	类型	正负链	起始位点	终止位点	长度	相位		分值及概率				
Gn.Ex	Type	S	.Begin	...End	.Len	Fr	Ph	I/Ac	Do/T	CodRg	P....	Tscr..
1.01	Init	+	532	657	126	0	0	66	105	46	0.633	2.88
1.02	Intr	+	1399	1459	61	0	1	90	94	20	0.688	1.11
1.03	Intr	+	3269	3349	81	0	0	118	94	76	0.606	10.81
1.04	Intr	+	6557	6649	93	0	0	42	80	77	0.503	2.24
1.05	Intr	+	10004	10093	90	0	0	66	53	84	0.861	2.67
1.06	Intr	+	11990	12019	30	0	0	135	115	37	0.954	9.20
1.07	Intr	+	12099	12173	75	1	0	128	44	90	0.339	8.09
1.08	Intr	+	15414	15459	46	1	1	130	109	21	0.433	5.87
1.09	Intr	+	27955	28151	197	1	2	77	98	122	0.487	11.16
1.10	Intr	+	46659	46791	133	1	1	112	38	68	0.244	3.90
1.11	Term	+	51762	51783	22	0	1	101	38	8	0.025	-5.12
1.12	PlyA	+	52398	52403	6							1.05
2.00	Prom	+	59901	59940	40							-2.16
2.01	Init	+	68711	68764	54	1	0	89	92	66	0.282	8.38

图 27-3　GENSCAN 输出结果

27.3.2　FGENESH

FGENESH 是另一种应用广泛的基因预测程序（图 27-4、图 27-5、图 27-6）。

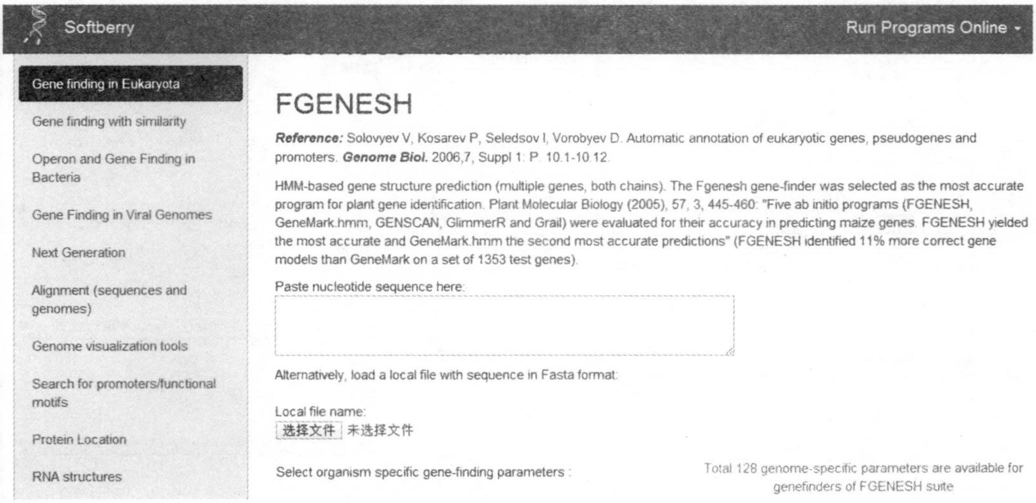

Softberry　　Run Programs Online ▾

- Gene finding in Eukaryota
- Gene finding with similarity
- Operon and Gene Finding in Bacteria
- Gene Finding in Viral Genomes
- Next Generation
- Alignment (sequences and genomes)
- Genome visualization tools
- Search for promoters/functional motifs
- Protein Location
- RNA structures

FGENESH

Reference: Solovyev V, Kosarev P, Seledsov I, Vorobyev D. Automatic annotation of eukaryotic genes, pseudogenes and promoters. ***Genome Biol.*** 2006,7, Suppl 1: P. 10.1-10.12.

HMM-based gene structure prediction (multiple genes, both chains). The Fgenesh gene-finder was selected as the most accurate program for plant gene identification. Plant Molecular Biology (2005), 57, 3, 445-460: "Five ab initio programs (FGENESH, GeneMark.hmm, GENSCAN, GlimmerR and Grail) were evaluated for their accuracy in predicting maize genes. FGENESH yielded the most accurate and GeneMark.hmm the second most accurate predictions" (FGENESH identified 11% more correct gene models than GeneMark on a set of 1353 test genes).

Paste nucleotide sequence here:

Alternatively, load a local file with sequence in Fasta format:

Local file name:
选择文件　未选择文件

Select organism specific gene-finding parameters :　　Total 128 genome-specific parameters are available for genefinders of FGENESH suite

图 27-4　FGENESH 界面

```
Predicted protein(s):
>FGENESH:[mRNA]   1   3 exon (s)   19541  -  20961   444 bp, chain +
ATGGTGCATTTTACTGCTGAGGAGAAGGCTGCCGTCACTAGCCTGTGGAGCAAGATGAAT
GTGGAAGAGGCTGGAGGTGAAGCCTTGGGCAGACTCCTCGTTGTTTACCCCTGGACCCAG
AGATTTTTTGACAGCTTTGGAAACCTGTCGTCTCCCTCTGCCATCCTGGGCAACCCCAAG
GTCAAGGCCCATGGCAAGAAGGTGCTGACTTCCTTTGGAGATGCTATTAAAAACATGGAC
AACCTCAAGCCCGCCTTTGCTAAGCTGAGTGAGCTGCACTGTGACAAGCTGCATGTGGAT
CCTGAGAACTTCAAGCTCCTGGGTAACGTGATGGTGATTATTCTGGCTACTCACTTTGGC
AAGGAGTTCACCCCTGAAGTGCAGGCTGCCTGGCAGAAGCTGGTGTCTGCTGTCGCCATT
GCCCTGGCCCATAAGTACCACTGA
>FGENESH:   1   3 exon (s)   19541  -  20961   147 aa, chain +
MVHFTAEEKAAVTSLWSKMNVEEAGGEALGRLLVVYPWTQRFFDSFGNLSSPSAILGNPK
VKAHGKKVLTSFGDAIKNMDNLKPAFAKLSELHCDKLHVDPENFKLLGNVMVIILATHFG
KEFTPEVQAAWQKLVSAVAIALAHKYH
>FGENESH:[mRNA]   2   3 exon (s)   34531  -  35982   444 bp, chain +
ATGGGTCATTTCACAGAGGAGGACAAGGCTACTATCACAAGCCTGTGGGGCAAGGTGAAT
GTGGAAGATGCTGGAGGAGAAACCCTGGGAAGGCTCCTGGTTGTCTACCCATGGACCCAG
AGGTTCTTTGACAGCTTTGGCAACCTGTCCTCTGCCTCTGCCATCATGGGCAACCCCAAA
GTCAAGGCACATGGCAAGAAGGTGCTGACTTCCTTGGGAGATGCCATAAAGCACCTGGAT
GATCTCAAGGGCACCTTTGCCCAGCTGAGTGAACTGCACTGTGACAAGCTGCATGTGGAT
CCTGAGAACTTCAAGCTCCTGGGAAATGTGCTGGTGACCGTTTTGGCAATCCATTTCGGC
AAAGAATTCACCCCTGAGGTGCAGGCTTCCTGGCAGAAGATGGTGACTGGAGTGGCCAGT
GCCCTGTCCTCCAGATACCACTGA
>FGENESH:   2   3 exon (s)   34531  -  35982   147 aa, chain +
MGHFTEEDKATITSLWGKVNVEDAGGETLGRLLVVYPWTQRFFDSFGNLSSASAIMGNPK
VKAHGKKVLTSLGDAIKHLDDLKGTFAQLSELHCDKLHVDPENFKLLGNVLVTVLAIHFG
KEFTPEVQASWQKMVTGVASALSSRYH
>FGENESH:[mRNA]   3   3 exon (s)   39467  -  40898   444 bp, chain +
ATGGGTCATTTCACAGAGGAGGACAAGGCTACTATCACAAGCCTGTGGGGCAAGGTGAAT
GTGGAAGATGCTGGAGGAGAAACCCTGGGAAGGCTCCTGGTTGTCTACCCATGGACCCAG
AGGTTCTTTGACAGCTTTGGCAACCTGTCCTCTGCCTCTGCCATCATGGGCAACCCCAAA
```

图 27-5　FGENESH 预测结果

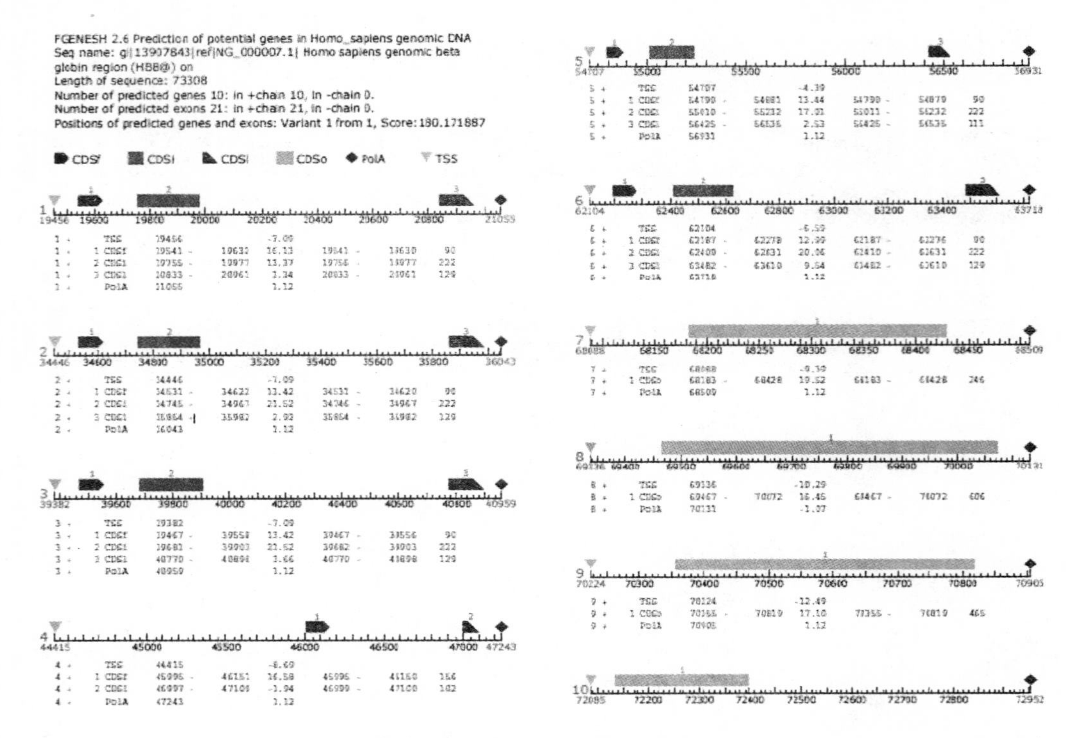

图 27-6　FGENESH 输出结果

27.3.3　启动子区分析

启动子区域包含增强子、GC 区、TATA 区等(图 27-7)。

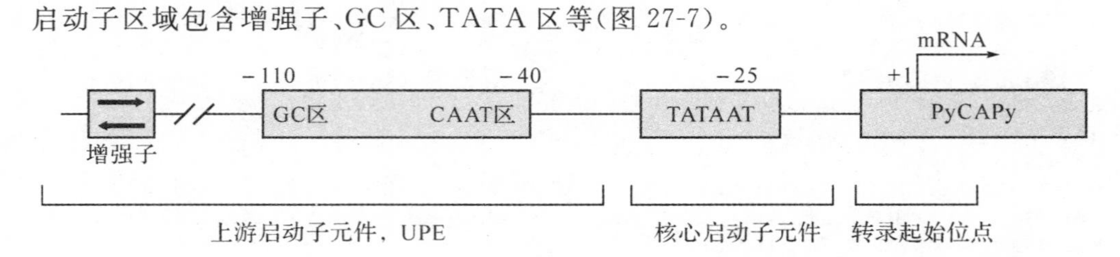

图 27-7　启动子区域

启动子结合位点分析常用软件如表 27-2 所示。

表 27-2　启动子结合位点分析常用软件

PromoterScan	http://bimas.dcrt.nih.gov:80/molbio/proscan/	Web
Promoser	http://biowulf.bu.edu/zlab/PromoSer/	Web
Neural Network Promoter Prediction	http://www.fruitfly.org/seq_tools/promoter.html	Web
Softberry: BPROM, TSSP, TSSG, TSSW	http://www.softberry.com/berry.phtml? topic=index&group=programs&subgroup=promoter	Web
MatInspector	http://www.gene-regulation.de/	Web
RSAT	http://rsat.ulb.ac.be/rsat/	Web
Cister	http://zlab.bu.edu/~mfrith/cister.shtml	Web

PromoterScan（http://www-bimas.cit.nih.gov/molbio/proscan/）界面如图 27-8 所示，输出结果如图 27-9 所示。

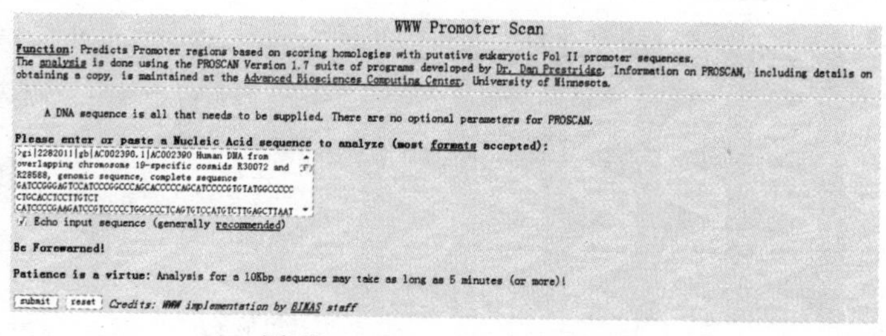

图 27-8　PromoterScan 界面

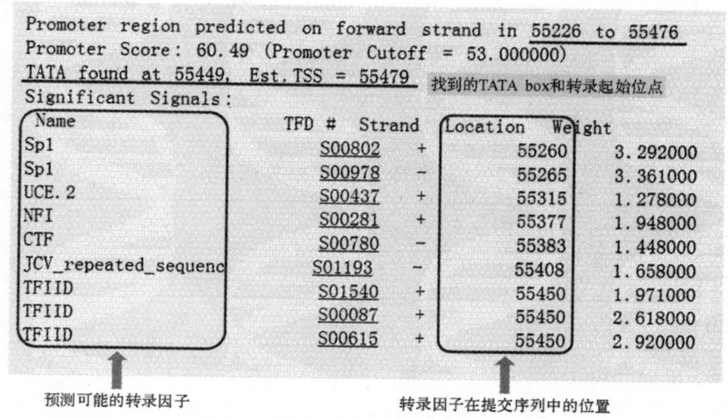

Name	TFD #	Strand	Location	Weight
Sp1	S00802	+	55260	3.292000
Sp1	S00978	-	55265	3.361000
UCE.2	S00437	+	55315	1.278000
NFI	S00281	+	55377	1.948000
CTF	S00780	-	55383	1.448000
JCV_repeated_sequenc	S01193	-	55408	1.658000
TFIID	S01540	+	55450	1.971000
TFIID	S00087	+	55450	2.618000
TFIID	S00615	+	55450	2.920000

图 27-9　PromoterScan 输出结果

27.3.4　选择性剪接分析

选择性剪接是调控基因表达的重要机制，是不同物种、细胞、发育阶段、环境压力下基因的调控表达机制（图 27-10）。

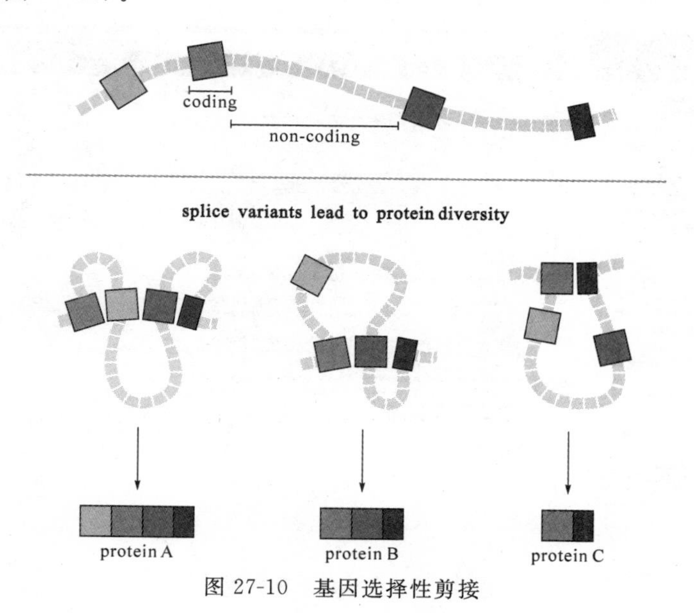

图 27-10　基因选择性剪接

选择性剪接的类型如图 27-11 所示。

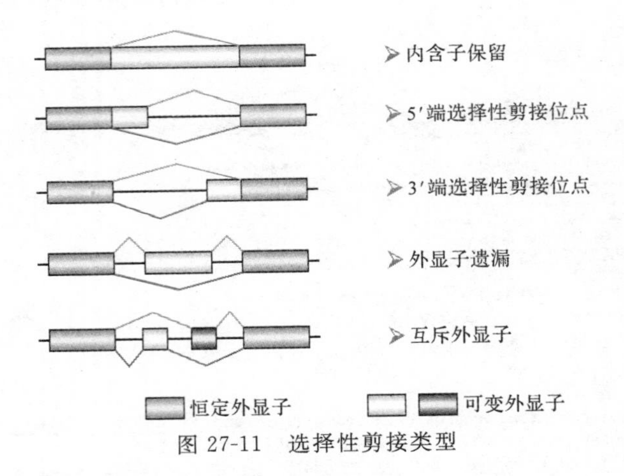

图 27-11　选择性剪接类型

选择性剪接相关网站，见表 27-3 所示。

表 27-3　选择性剪接相关网站

http://www.ebi.ac.uk/astd/main.html	综合
http://splicenest.molgen.mpg.de/	综合
http://rulai.cshl.edu/new_alt_exon_db2/	综合
http://prosplicer.mbc.nctu.edu.tw/ http://www.bit.uq.edu.au/altExtron	人
http://www.cse.ucse.edu/～kent/intronerator/altsplice.html	线虫
http://www.tigr.org/tdb/e2k1/ath1/altsplicing/splicing_variations.shtml	拟南芥

ASTD 数据库（http://www.ebi.ac.uk/astd/main.html)界面如图 27-12 所示。

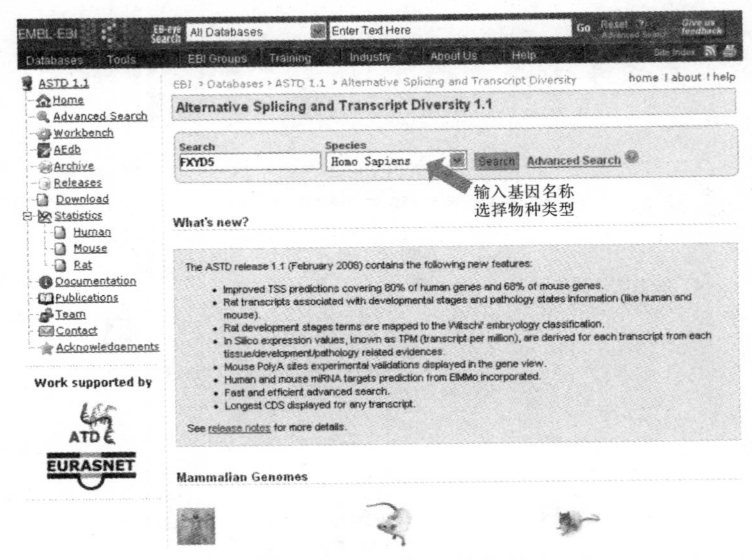

图 27-12　ASTD 数据库界面

检索结果如图 27-13 所示。

EBI > Databases > ASTD 1.1 > ENSG00000089327　　home | about | help

Gene Report for Homo sapiens ENSG00000089327

Gene Information

Ensembl Gene ID	ENSG00000089327
Name	FXYD5 (HGNC)
Organism	Homo sapiens
Genomic Location	19 at location 40327467 - 40362625
Strand	forward
Description	FXYD domain-containing ion transport regulator 5 precursor (Dysadherin). [Source:Uniprot/SWISSPROT;Acc:Q96DB9]
Anatomy	aorta , lung , blood , lymph node , tonsil , spleen , salivary gland , pancreas , kidney , prostate , endometrium , placenta , trophoblast , mammary gland , cartilage , skin , brain , visual apparatus , unclassifiable
Development	embryo , adult , unclassifiable
Pathology	carcinoma , adenocarcinoma , glioblastoma , leukaemia , lymphoma , melanoma , oligodendroglioma , retinoblastoma , normal , unclassifiable
GO terms	GO:0003779 [actin binding] GO:0005216 [ion channel activity] GO:0005615 [extracellular space] GO:0006811 [ion transport] GO:0016020 [membrane] GO:0016021 [integral to membrane] GO:0030033 [microvillus biogenesis] GO:0045296 [cadherin binding] GO:0046588 [negative regulation of calcium-dependent cell-cell adhesion]
Export	EMBL　FASTA　GFF3　GTF2　导出序列文件

图 27-13　ASTD 输出结果

图 27-14 显示不同选择性剪接的 mRNA。

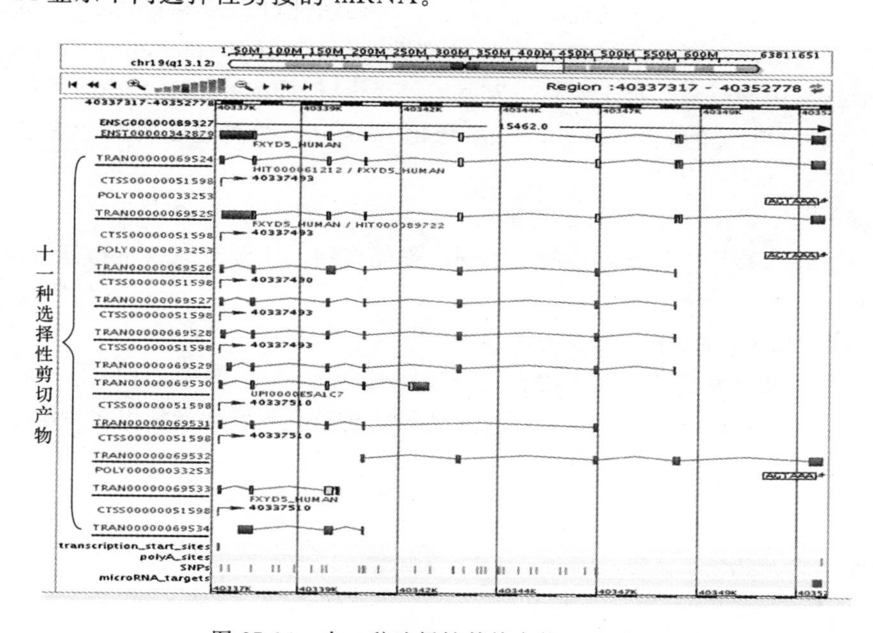

图 27-14　十一种选择性剪接产物(mRNA)

组织表达特异性如图 27-15 所示。

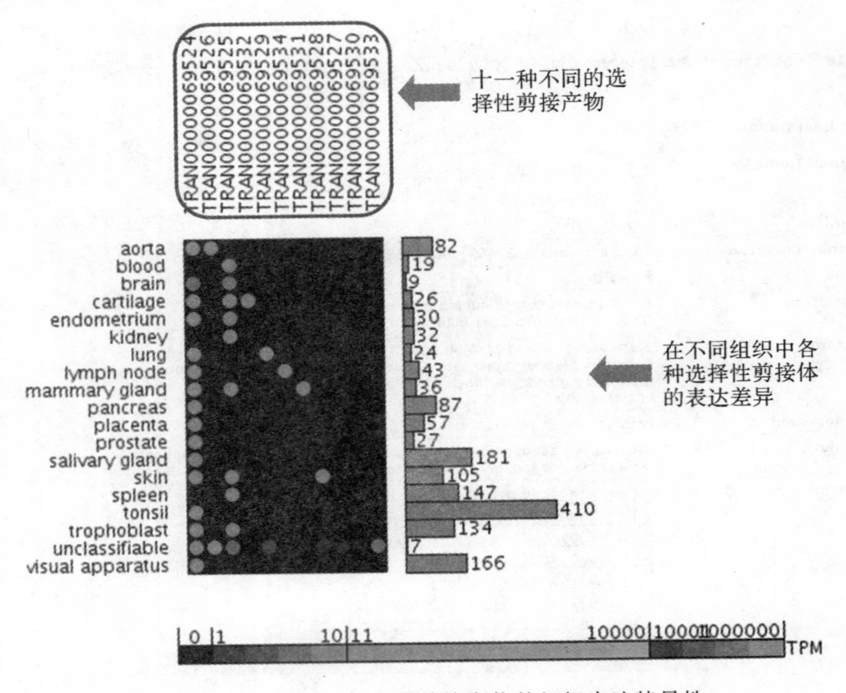

图 27-15　不同剪接产物的组织表达特异性

27.4　问题与讨论

完全基于结构的计算预测方法可能会存在以下问题：①假阳性(False Positive, FP)：多预测了假的编码区，即在非编码区预测出编码区。②假阴性(False Negative, FN)：漏掉了真实的编码区，即将编码区预测为非编码区。③过界预测(Over Prediction, OP)：由于基因边界很难准确定位，预测经常会超出实际边界。④片段化(Fragmentation)：内含子过大的基因，在预测时容易断裂成两个或多个基因。⑤融合化(Fusion)：距离过近的两个或多个基因，在预测时容易被融合成一个很大的基因。

(1)解释 FGENESH 预测结果的含义。

(2)原核生物与真核生物基因结构的异同。你能找到一个预测原核生物基因结构的软件并使用吗?

(3)如何评估基因结构预测结果的准确性?

(4)选择性剪接的意义是什么? 请查找一篇相关文献(新的、重要的)阅读。

(5)真核生物基因组除了基因结构还有其他的功能单元吗? 你能举出多少类型?

实验 28　蛋白质结构与功能预测

28.1　实验目的

蛋白质结构与功能的研究已有相当长的历史，由于其复杂性，对其结构与功能的预测不论是方法还是基础理论方面均较复杂(表 28-1)。统计学方法曾被成功地应用于蛋白质二级结构预测中，如 Chou 和 Fasman 提出的经验参数法便是最突出的例子。下面简要介绍蛋白质结构与功能预测的生物信息学途径。

表 28-1　蛋白质序列分析类别

<table>
<tr><td rowspan="10">蛋白质序列分析</td><td rowspan="5">蛋白质一级序列</td><td>蛋白质基本理化性质分析</td></tr>
<tr><td>蛋白质亲疏水性分析</td></tr>
<tr><td>跨膜区结构预测</td></tr>
<tr><td>卷曲螺旋预测</td></tr>
<tr><td>翻译后修饰位点预测</td></tr>
<tr><td rowspan="2">蛋白质二级结构</td><td>蛋白质二级结构预测</td></tr>
<tr><td>蛋白质序列信号位点分析</td></tr>
<tr><td>蛋白质超二级结构</td><td>蛋白质结构域分析</td></tr>
<tr><td>蛋白质三级结构</td><td>蛋白质三维结构模拟</td></tr>
<tr><td>蛋白质分类</td><td>蛋白质家族分析</td></tr>
</table>

28.1.1　蛋白质功能预测

(1)根据序列预测功能的一般过程：如果序列重叠群(contig)包含蛋白质编码区，那么接下来的分析任务是确定表达产物——蛋白质的功能。蛋白质的许多特性可直接从序列上分析获得，如疏水性，它可以用于预测序列是否跨膜螺旋(transmenbrane helix)或前导序列(leader sequence)。但是，总的来说，根据序列预测蛋白质功能的唯一方法是通过数据库搜寻，比较该蛋白质是否与已知功能的蛋白质相似。有 2 条主要途径可以进行上述的比较分析：①比较未知蛋白质序列与已知蛋白质序列的相似性；②查找未知蛋白质中是否包含与特定蛋白质家族或功能域有关的亚序列或保守区段。

(2)通过比对数据库相似序列确定功能：具有相似序列的蛋白质具有相似的功能。因此，最可靠的确定蛋白质功能的方法是进行数据库的相似性搜索。一个显著的匹配应至少有 25%的相同序列和超过 80 个氨基酸的区段。一般的策略是首先进行 BLAST 检索，如果不能提供相关结果，那么运行 FASTA；如果 FASTA 也不能得到有关蛋白质功能的线索，最后可选用完全根据 Smith-Waterman 算法设计的搜索程序，例如 BLITZ(www. ebi. ac. uk/searches/blitz. html)。此外还应注意计分矩阵(scoring matrix)的重要性。使用不同矩阵，可以发现始终出现的匹配序列，这是一条减少误差的办法。除了选用不同的计分矩阵，同样可以考虑选用不同的数据库。通常可以使用的数据库是无冗余蛋白序列数据库 SWISS-PROT 和 PDB。其他一些数据库也可以试试，如可用 BLASTP 搜索复合蛋白质序列库 OWL (www. biochem. ucl. ac. uk/bsm/dbbrowser/OWL/owl_blast. html)。

(3)序列特性(疏水性、跨膜螺旋等):许多蛋白质特性可直接从序列预测出来。例如,疏水性信息可被用于跨膜螺旋的预测,还有前导序列是细胞用于特定细胞区室(cell compartment)蛋白质的定向。网上有大量数据资源可帮助我们利用这些特性预测蛋白质功能。

疏水性信息可用 ExPASy(http://expasy. hcuge. ch/egibin/protscal. pl)的 ProtScale 程序创建并演示。TMbase 是一个自然发生的跨膜螺旋数据库(http://ulrec3. unil. ch/tmbase/TMBASE_doc. html)。相关的一些程序包括 TMPRED (http://ulrec3. unil. ch/software/TMPRED-form. html)、PHDhtm (www. embl _ heidelberg. de/services/sander/predictprotein/pre] ictprotein. html)、TMAP (http://www. embl-heidelberg. de/tmap/tmap/tmap_sin. html)和 MEMSAT (ftp. biochem. ucl. ac. uk)。这些程序使用了不同的统计模型,总体上,预测准确率在 80%~95%。跨膜螺旋是可以根据序列数据比较准确预测的蛋白质特性之一。

预测前导序列或特殊区室靶蛋白信号的程序:SignalP (http://www. cbs. dtu. dk/services/SignalP) 和 PSORT (http://psort. nibbac. jp/form. html)。另一个可从序列中确定的功能模序是卷曲(coil)螺旋。在这一结构中,2 个螺旋由于疏水作用而缠绕在一起形成非常稳定的结构。相关的 2 个程序是:COILS (http://ulrec3. unil. ch/software/COILS_form. html) 和 Paircoil (http://ostrich. lcs. mit. edu/cgi-bin/score)。

(4)通过比对模序数据库等确定功能

28.1.2 蛋白质结构预测

一般蛋白质结构预测方法如图 28-1 所示。

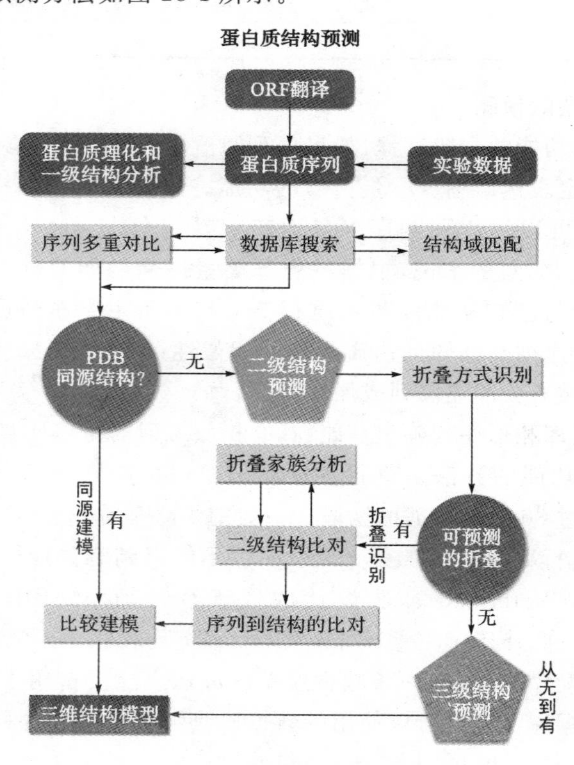

图 28-1 蛋白质结构预测

(1)蛋白质结构及其数据库:在一般情况下,蛋白质的结构分为 4 个层次:初级结构——蛋白质序列;二级结构——α-螺旋和 β-折叠片(β-sheets)模式;三级结构——残基在空间的布局;四级结构——蛋白质之间的互作。近年来,另一个介于二级和三级结构之间的蛋白质结构层次——所谓蛋白质折叠(fold)已被证明非常有用。“fold”描述的是二级结构元素的混合组合方式。

根据序列或多序列列线预测蛋白质二级结构的技术已相对比较成熟,但三级结构的预测则相当困难。往往对于三级结构预测,只能通过与已知结构蛋白质序列同源性比对来完成。已有不少相关数据库被建立起来用于蛋白质结构预测。这一方法已是目前进行三级结构预测的最准确方法。但是这一方法并不总是奏效,因为大约有 80%的已知蛋白质序列找不到与之相似的已知结构的蛋白质序列。近年来,一些新方法被提出,这些方法可以不通过相似性比对来预测序列结构。

(2)二级结构预测:基本的二级结构包括 α-螺旋、β-折叠、β-转角、无规则卷曲(coils)以及模序(motif)等蛋白质局部结构组件。已有大量有关根据序列预测蛋白质二级结构的文献资料,这些资料可大致分为两类:一是根据单一序列预测二级结构;二是根据多序列列线预测二级结构。一些程序(诸如 PHD)预测的准确率达到了目前最高水平。PHD (http://www.embl-heidelberg.de/predictprotein/predictprotein.html) 提供了从二级结构预测到折叠(fold)识别等一系列功能。

(3)三级结构预测:比对数据库中已知结构的序列是预测未知序列三级结构的主要方法。多种途径可进行以上这种比对。最容易的是使用 BLASTP 程序比对 NRL-3D 或 SCOP 数据库中的序列。如果发现超过 100 个碱基长度且有远高于 40%序列相同率的匹配序列,则未知序列蛋白与该匹配序列蛋白将有非常相似的结构。目前,NRL-3D 和 HSSP 数据库的记录数量可以保证 20%的蛋白质序列找到已知结构的同源序列。

同源性建模需要专业分子建模方法和分子图像资源的辅助。Swiss-Model 网站(http://expasy.hcuge.ch/swissmod/SWISS-MODEL.html)是一个蛋白质自动建模服务器,使用者可以直接发送一条序列或使用者自己完成的列线结果给该服务器用于同源性建模。

28.2 软件与数据

28.2.1 软件与数据库

PIR、SWISS-PROT、PDB、PAHdb、InterPro、Pfam、BLAST 或 FASTA。

28.2.2 数据

Protein id CAA32643.1 和 CAA00826.1

一个来自人类的蛋白质序列:

MSTAVLENPGLGRKLSDFGQETSYIEDNCNQNGAISLIFSLKEEVGALAKVLRLF
EENDVNLTHIESRPSRLKKDEYEFFTHLDKRSLPALTNIIKILRHDIGATVHELSRDKK
KDTVPWFPRTIQELDRFANQILSYGAELDADHPGFKDPVYRARRKQFADIAYNYRHG
QPIPRVEYMEEEKKTWGTVFKTLKSLYKTHACYEYNHIFPLLEKYCGFHEDNIPQLE
DVSQFLQTCTGFRLRPVAGLLSSRDFLGGLAFRVFHCTQYIRHGSKPMYTPEPDICHE
LLGHVPLFSDRSFAQFSQEIGLASLGAPDEYIEKLATIYWFTVEFGLCKQGDSIKAYGA
GLLSSFGELQYCLSEKPKLLPLELEKTAIQNYTVTEFQPLYYVAESFNDAKEKVRNFA
ATIPRPFSVRYDPYTQRIEVLDNTQQLKILADSINSEIGILCSALQKIK

28.3　实验步骤

关于蛋白质功能与结构分析的内容很丰富，主要从保守结构域分析与二级结构预测两方面了解相关分析方法。

28.3.1　保守结构域预测

结构域是蛋白序列的功能、结构和进化单元，可以通过氨基酸序列比对或基于蛋白质家族的位置特异性矩阵或概形矩阵进行分析。表 28-2 为预测保守结构域的常用数据库。

表 28-2　常用预测保守结构域的数据库

工具	网站	备注
CDD	http://www.ncbi.nlm.nih.gov/sites/entrez?db=cdd	通过比较目标序列和一组位置特异性打分矩阵进行 RPS-BLAST 来确定目标序列中的保守结构域
HAMAP	http://expasy.org/sprot/hamap/families.html	通过专家预测系统产生的微生物家族同源蛋白质数据
InterPro	http://www.ebi.ac.uk/interpro/	蛋白质家族、结构域和功能位点的联合资源数据库，整合了多个数据库和工具的结果，并提供相应的链接
Pfam	http://pfam.sanger.ac.uk/	每个蛋白质家族包含了多序列比对、profile-HMMs 和注释文件
ProDom	http://prodom.prabi.fr/	由 SWISS-PROT/TrEMBL 数据库中的非片段蛋白序列数据构成，每条记录包含一个同源结构域多重比对和家族保守一致性序列
SMART	http://smart.embl-heidelberg.de/	由 EMBL 建立，集成了大部分已知蛋白功能域数据，注释包括了功能类型、三维结构、分类信息

将示例序列提交到 InterPro(图 28-2)。

InterPro: Home

InterPro is a database of protein families, domains and functional sites in which identifiable features found in known proteins can be applied to unknown protein sequences.

Further information on InterPro can be found in the documentation - see links on the left hand side.

图 28-2　InterPro 简介

默认相关参数如图 28-3 所示。

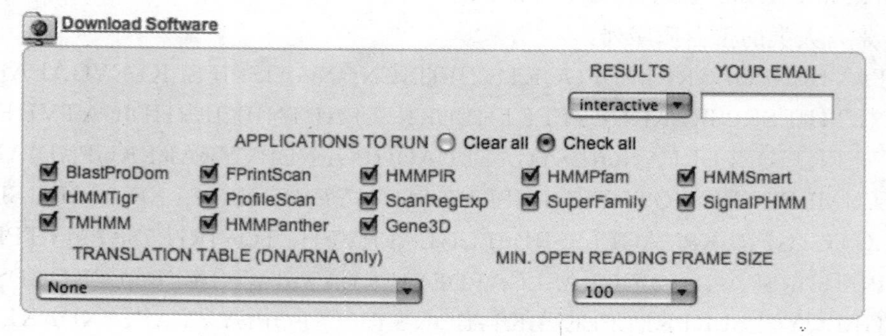

图 28-3　InterPro 相关参数

观察并理解反馈结果(图 28-4)。

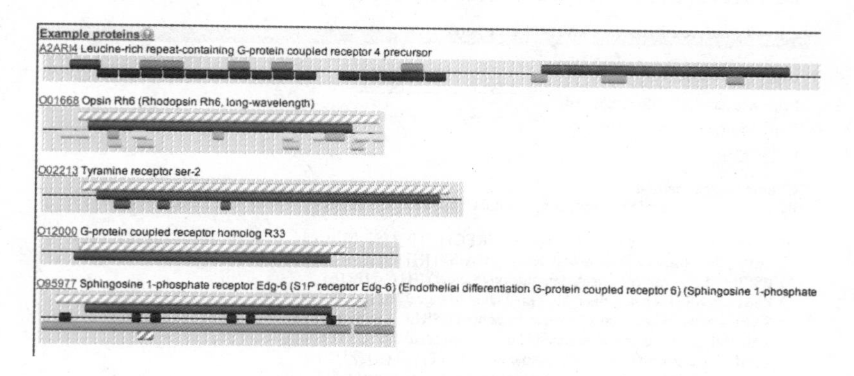

图 28-4　InterPro 预测结果

28.3.2　二级结构预测

常见蛋白二级结构预测网站如表 28-3 所示。

表 28-3　蛋白二级结构预测相关网站

工具	网站	备注
BCM Search	http://searchlauncher.bcm.tmc.edu/	包括了常见的蛋白质结构分析程序入口,一般分析可以以此服务器作为起点
HNN	http://npsa-pbil.ibcp.fr/cgi-bin/npsa_automat.pl? page=npsa_nn.html	基于神经网络的分析工具,含序列到结构过程和结构到结构处理
Jpred	http://www.compbio.dundee.ac.uk/~www-jpred/submit.html	基于 Jnet 神经网络的分析程序,并采用 PSI-BLAST 来构建序列 Profile 进行预测,对于序列较短、结构单一的蛋白预测较好
nnPredict	http://alexander.compbio.ucsf.edu/~nomi/nnpredict.html	预测蛋白质序列中潜在的亮氨酸拉链结构和卷曲螺旋
NNSSP	http://bioweb.pasteur.fr/seqanal/interfaces/nnssp-simple.html	基于双层前反馈神经网络为算法,还考虑到蛋白质结构分类信息
PREDATOR	http://bioweb.pasteur.fr/seqanal/interfaces/predator-simple.html	预测时考虑了氨基酸残基间的氢键

BCM Search Launcher 界面如图 28-5、图 28-6 所示。

图 28-5　BCM Search 界面 1

BCM Search Launcher: Protein Secondary Structure Prediction

Cut and paste protein sequence here (sequence only):

Sequence name/identifier (required):

Email address (when required):

Perform Search Clear Input

Choose search method:

[H] [O] [P] [E] = [H]:Help/description; [O]:full Options form; [P]:search Parameters; [E]:Example search

- **Coils** - prediction of coiled coil regions (ISREC) [H] [O] [P] [E]
- **nnPredict** - uses a 2 layer neural network (UCSF) [H] [O] [P] [E]
- **PSSP / SSP** - segment-oriented prediction (Sanger) [H] [O] [P] [E]
- **PSSP / NNSSP** - nearest-neighbor prediction (Sanger) [H] [O] [P] [E]
- **SAPS** - statistical analysis of protein sequences (ISREC) [H] [O] [P] [E]
- **TMpred** - transmembrane region and orientation prediction (ISREC) [H] [O] [P] [E]
- **SOSUI** - Classic and membrane prediction (TUAT) [H] [O] [P] [E]
- **Paircoil** - coiled coil regions of pairwise residue correlations(MIT) [H] [O] [P] [E]
- **Protein Hydrophilicity/Hydrophobicity Search** - Calculates hydrophilicity, plots the hydropathic profile and fourier transform (Weizmann Institute) [H] [O] [P] [E]
- **SOPM** - self optimized prediction method (IBCP-CNRS) [H] [O] [P] [E]

The following servers return search results via Email:

- **PHDsec** - profile network method (EMBL, Email search) [H] [O] [P] [E]
- **PSA** - for single domain globular proteins (BMERC, Email search) [H] [O] [P]
- **Swiss-Model** - from alignment to crystallographic data (ExPASy, Email search) [H] [O] [P]

图 28-6　BCM Search 界面 2

PredictProtein (http://www.predictprotein.org/)：可以获得功能预测、二级结构、基序、二硫键结构、结构域等许多蛋白质序列的结构信息(图 28-7、图 28-8)。该方法的平均准确率超过 72%，最佳残基预测准确率达 90%以上。因此，被视为蛋白质二级结构预测的标准。需要注册账号用于学术研究。

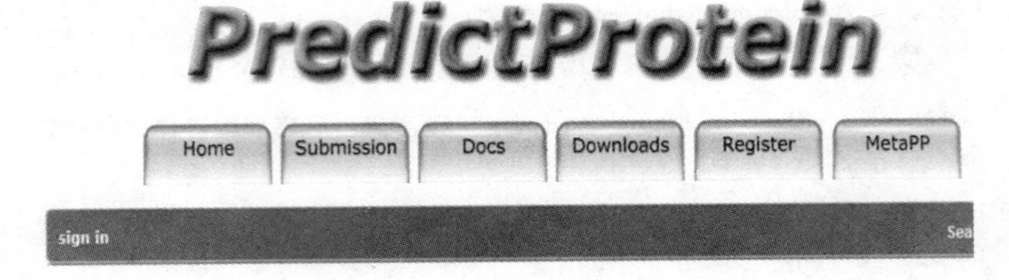

图 28-7　Predict Protein 界面 1

提交界面：

Description of field (hover over description to get help)	Type the required information into the fields	
Your email address* 提交邮件地址（必填）		
Protein name	蛋白名称（可选）	
Analysis Methods 分析方法		
1D Structure Prediction	☑ PROFsec ☑ ASP	☑ PROFacc ☑ COILS	☑ PHDhtm ☐ PROFtmb (Upgrade to premium)
Sequence Motif	☑ ProSite ☑ PredictNLS	☑ SEG
Cysteines Disulfide Bonding	☑ DISULFIND	
Disorder	☐ PROFbval (Upgrade to premium)	☐ UCON (Upgrade to premium)
Threading/Fold Recognition	☐ AGAPE (Upgrade to premium)	
Contact Predcition	☐ PROFcon (Upgrade to premium)	
Domain	☑ ProDom	☐ CHOP (coming soon)
Surface annotation	☐ ConSeq (coming soon)	

图 28-8　Predict Protein 界面 2

蛋白二级结构预测方法见表 28-4 所示。

表 28-4　蛋白二级结构预测

ID 序列预测	PROFsec(默认)	基于轮廓(profile)神经网络预测蛋白质二级结构
	PROFacc(默认)	基于轮廓(profile)神经网络预测残基溶剂可及性
	PHDhtm(默认)	基于多序列比对预测跨膜区位置和拓扑结构
	ASP(默认)	识别二级结构中构型变化的氨基酸
	COILS(默认)	识别卷曲螺旋
	PROFtmb	识别细菌中 Beta 桶结构
序列基序识别	ProSite(默认)	搜索序列中保守基序
	SEG(默认)	过滤序列中低复杂区域
	PredictNLS(默认)	基于实验数据预测序列核定位区域
二硫键识别	DISULFIND(默认)	识别序列中二硫键位置
无序结构识别	PROFbval	识别序列标准骨架的 B-value 值
	UCON	预测蛋白质中非 3D 结构区域
折叠子识别	AGAPE	基于折叠结构识别远源蛋白序列
残基接触预测	PROFcon	预测单链中原子残基接触性
结构域预测	ProDom(默认)	基于序列同源性来预测蛋白质结构域
	CHOP(coming soon)	预测蛋白质结构域
结构表面识别	ConSeq(coming soon)	预测蛋白质结构表面结构功能关键残基

PHDhtm 预测流程见图 28-9、图 28-10、图 28-11、图 28-12、图 28-13 所示。

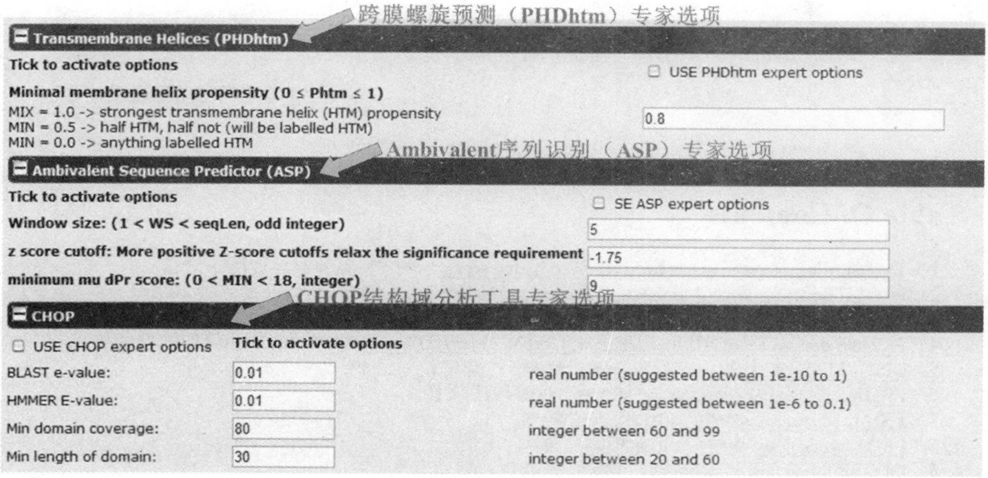

图 28-9　PHDhtm 参数界面 1

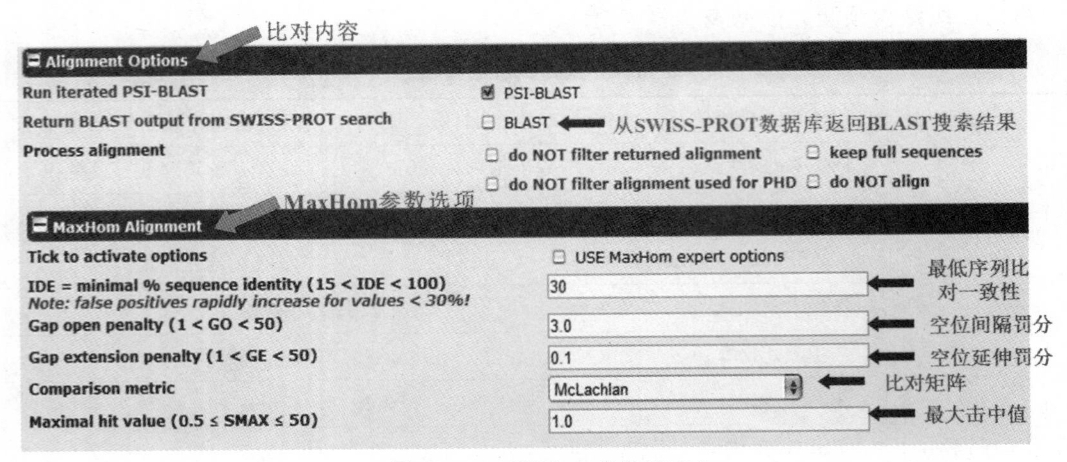

图 28-10　PHDhtm 参数界面 2

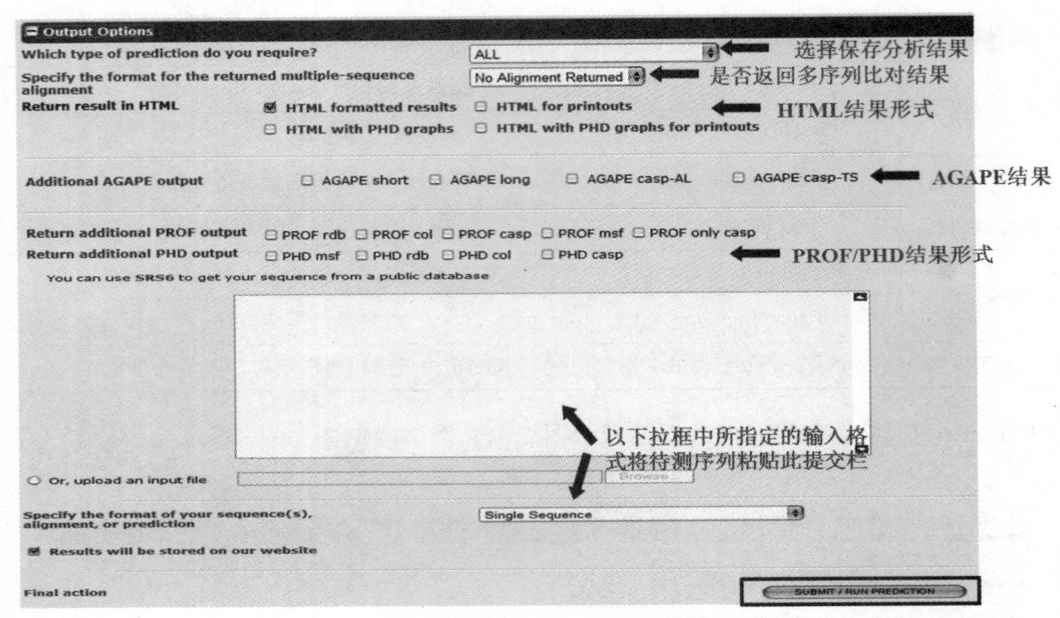

图 28-11　PHDhtm 参数界面 3

Table Of Contents

1. The following information has been received by the server ⟵ 服务器运行程序信息
2. PROSITE motif search (A Bairoch; P Bucher and K Hofmann) ⟵ ProSite模体搜索结果
3. SEG low-complexity regions (J C Wootton & S Federhen) ⟵ 低复杂区域过滤程序
4. ProDom domain search (E Sonnhammer, Corpet, Gouzy, D Kahn) ⟵ ProDom结构域搜索结果
5. DISULFIND (A. Vullo and P. Frasconi) ⟵ 二硫键识别结果
6. PHD information about accuracy ⟵ PHD程序信息
7. PHD predictions ⟵ PHD预测结果
8. PROF predictions ⟵ PROF预测结果
9. GLOBE prediction of globularity ⟵ 球状蛋白预测结果
10. Ambivalent Sequence Predictor(Malin Young, Kent Kirshenbaum, Stefan Highsmith) ⟵ Ambivalent 序列识别结果

图 28-12　PHDhtm 预测结果界面 1

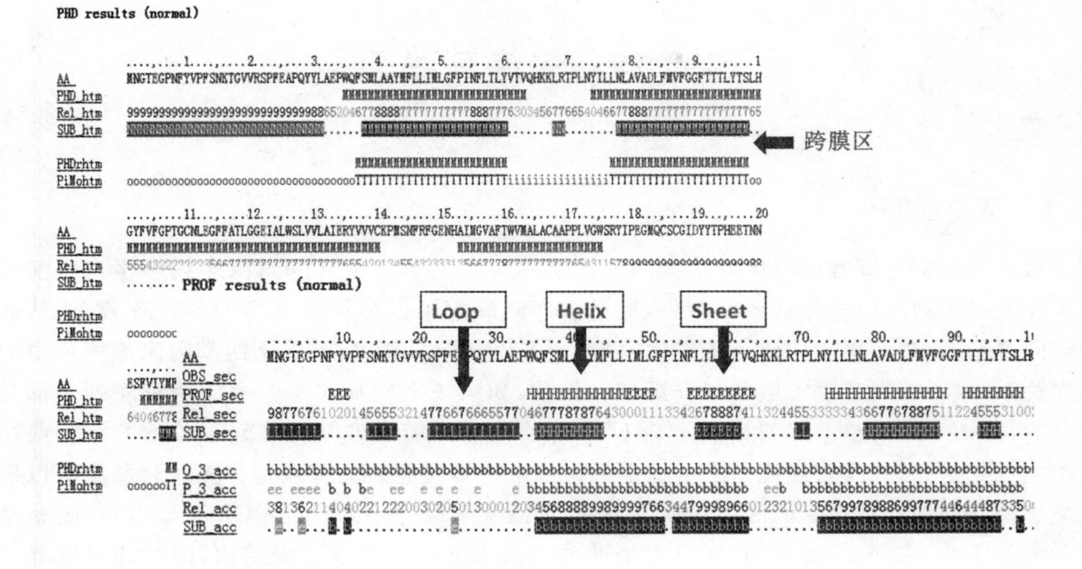

图 28-13　PHDhtm 预测结果界面 2

28.4　问题与讨论

(1)这条蛋白序列的名称是什么?

(2)这条蛋白序列包含哪些保守的结构域?

(3)该蛋白的缺陷容易导致哪种疾病?

(4)尝试对该基因的功能进行描述。

实验 29　多序列联配

29.1　实验目的

多序列联配是调查生物序列结构与功能之间关系的重要工具。同源序列多序列联配的结果反映了序列间的进化关系。首先，通过多序列联配可以分析多条序列的一致残基，从而确定同源基因，进而用于构建系统进化树，进行进化分析。其次，可以阐明基因家族序列中的内在关系，或者识别基因家族的保守区域。例如，如果一个残基在一个家族所有序列中都是保守的，而该家族的整条序列相互间又不同，那么就意味着该残基可能起着关键的结构或功能作用，因为保守的残基往往是维持稳定结构或生物学功能的关键残基。多序列联配可以揭示关于蛋白质结构和功能的许多线索。另外，可以基于保守序列设计 PCR 引物，可以观察基因对哪些区域的突变是敏感的，还可以辅助预测新序列的二级或三级结构，同时还可以寻找不同物种或者个体间的变异(SNP 和 INDEL)。

29.2　软件与数据

29.2.1　软件

ClustalW/ClustalX、UltraEdit/EditPlus、GeneDoc

http://ibi.zju.edu.cn/bioinplant/tools/Computional_tools.htm

29.2.2　数据

水稻 *adh*1 基因同源序列(核苷酸)：http://ibi.zju.edu.cn/bioinplant/courses/adh1.fas

植物抗病基因同源序列(蛋白质)：http://ibi.zju.edu.cn/bioinplant/courses/mult_protein.txt

29.3　实验步骤

29.3.1　原始数据的格式与要求

进行多序列联配处理的序列之间应该有一定的进化关系或相似性，序列之间差异很大会影响联配的结果。此外，需要将原始数据整理成 multi-fasta 格式。

29.3.2　多序列联配

利用 Clustalw(在线服务器版本，http://www.ebi.ac.uk/Tools/msa/clustalw2/)或 Clustalx(standalone 软件)进行多序列联配。以 Clustalw 为例，其使用界面如图 29-1 所示。

ClustalW2 - Multiple Sequence Alignment

ClustalW2 is a general purpose multiple sequence alignment program for DNA or proteins.

New version! Clustal Omega is now available for protein sequences - give it a try!

Use this tool

STEP 1 - Enter your input sequences

Enter or paste a set of Protein sequences in any supported format:

Or, upload a file: 选择...

STEP 2 - Set your Pairwise Alignment Options

Alignment Type: Slow Fast

The default settings will fulfill the needs of most users and, for that reason, are not visible.

More options... *(Click here, if you want to view or change the default settings.)*

STEP 3 - Set your Multiple Sequence Alignment Options

The default settings will fulfill the needs of most users and, for that reason, are not visible.

More options... *(Click here, if you want to view or change the default settings.)*

STEP 4 - Submit your job

Be notified by email *(Tick this box if you want to be notified by email when the results are available)*

Submit

图 29-1　Clustalw 使用界面

(1)提交数据并运行 Clutalw

步骤 1:首先根据原始数据的情况选择 Protein 还是 DNA,然后在文本框中粘贴 input 序列,或通过 upload 将保存原始序列的文件上传到服务器。

步骤 2:两两序列联配选择联配的算法。根据数据的多少选择 Slow 或 Fast,点击“More options…”可以修改使用的算法(首次操作建议默认处理)。

步骤 3:多序列联配的相关参数修改。点击“More options…”中每个墨绿色选项均可查看在线 help 文档,从而了解各项参数所代表的含义。修改 OUTPUT Options 中的 FORMAT 分别选择“GCG MSF”和“PHYLIP”,注意两次结果中的格式的异同。

步骤 4:通过在线等候或结果链接发送到指定邮箱的方式获取联配结果,点击“Submit”。

(2)保存联配结果

点击“Download Alignment File”，将结果以“*. msf”或“*. phy”后缀格式保存(图 29-2)。用文本编辑器打开联配文件，熟悉联配文件的格式。

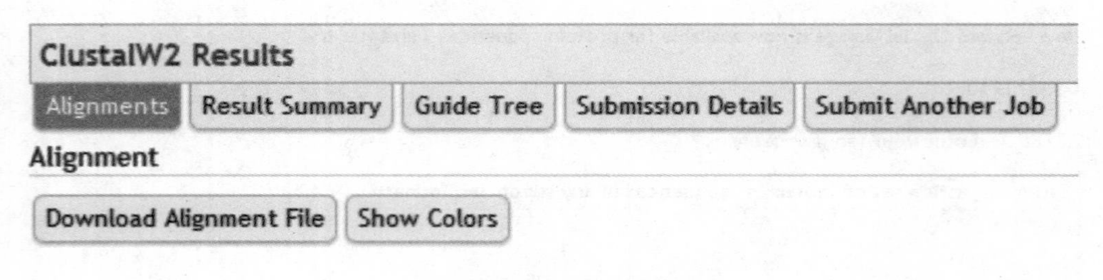

图 29-2　保存联配结果

(3)利用 GeneDoc 查看并编辑 MSF 联配文件(图 29-3)

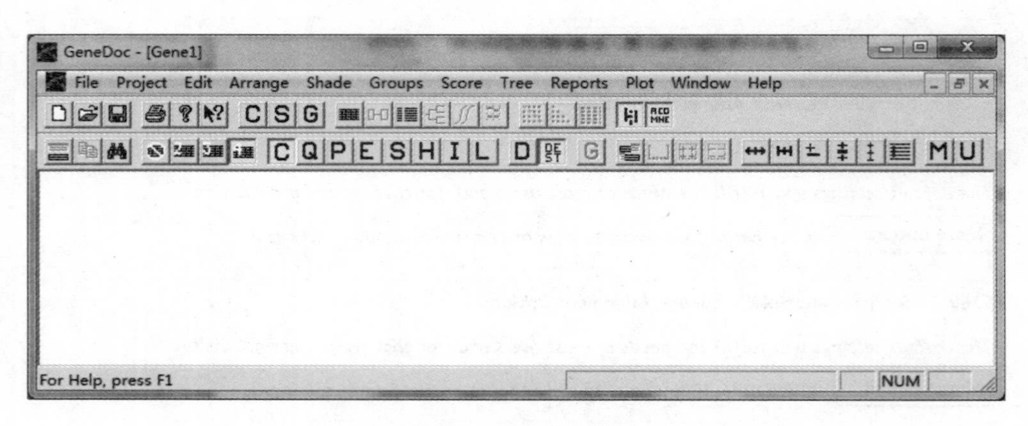

图 29-3　GeneDoc 界面

了解 GeneDoc 的常用功能，包括编辑序列 title 以及残基，添加或删除序列，选择显示方式，将联配结果导成图片。

29.4　问题与讨论

(1)观察 *adh*1 基因的联配结果，找出存在哪些变异？能否区分不同变异的类型(同义突变、非同义突变)？如不能，需要什么样的额外信息以及进一步的处理？

(2)观察植物抗病基因蛋白质序列的联配结果，能否根据联配结果确定可能的保守结构域？如何结合在线蛋白质数据库中的相关信息确定该基因的保守结构域、功能域？

实验 30　分子进化分析

30.1　实验目的

分类学涉及的问题是将生物合理地分成一定的类群，使类群内的个体成员相同或非常相似，分类学可以进行物种的分类。对于进化研究，分类涉及系统发育的重构(reconstruction of phylogenies)，构建系统发育过程有助于通过物种间隐含的种系关系揭示进化动力的实质。分子进化研究最根本的目的就是从物种的一些分子特性出发，从而了解物种之间的生物系统发生的关系。通过核酸、蛋白质序列同源性的比较进而了解基因的进化以及生物系统发生的内在规律。系统进化树的构建有多种软件可以实现，如表 30-1 所示。

表 30-1　系统进化树构建使用的软件

软件名称	网站	说　明
PHYLIP	http://evolution. genetics. washinton. edu/phylip/software. html	目前发布最广，用户最多的通用系统树构建软件，由美国华盛顿大学 Felsenstein 开发，可免费下载，适用绝大多数操作系统
PAUP	scavottos@sinauer. com 或 ftp://onyx. si. edu/paup	国际上最通用的系统树构建软件之一，美国 simthsonion institute 开发，仅适用 Apple-Macintosh 和 UNIX 操作系统
Tree of Life	http://phylogeny. arizona. edu/tree/program/program. html	美国 University of Arizona 建立的系统发育方面网站
MEGA	http://bioinfo. weizmann. ac. il/databases/info/mega. sof	美国宾西法尼亚州立大学 Masatoshi Nei 开发的分子进化遗传学软件
MOLPHY	ftp://ftp. sunmh. ism. ac. jp/pub/molphy	日本国立统计数理研究所开发，最大似然法构树
PAML	http://abacus. gene. ucl. ac. uk/software/paml. html	英国 University College London 开发，最大似然法构树和分子进化模型
PUZZLE	ftp://fx. zi. biologie. uni-muenchen. de/pub/puzzle	应用 quarter puzzling 方法(一种最大简约法)构建系统树
TreeView	http://taxonomy. zoology. gla. ac. uk/rod/treeview. html	英国 University of Glasgow 开发
phylogeny	http://www. ebi. ac. uk/biocat/phylogeny. html	欧洲生物信息研究所(EBI)的系统发育分析软件

MEGA 5.0 是一个关于序列分析以及比较统计的工具包(图 30-1)，其中包括距离建树法和 MP 建树法，并相较以往版本增加了最大似然法构建系统进化树，可自动或手动进行序列比对(涵盖 clustalw 功能)、推断进化树、估算分子进化率及群体的核苷酸多样性参数、进行中性进化假设测验，还能进行联机 Web 数据库检索。主要包含几个方面的功能模块：①DNA 和蛋白质序列数据的格式转换和联配，进行网上 blast 搜索的模块；②序列数据转变成距离数据后，对距离数据分析的模块；③对基因频率和连续元素分析的模块；④把序列的每个碱基/氨基酸独立

看待(碱基/氨基酸只有 0 和 1 的状态)时,对序列进行分析的模块;⑤绘制和修改进化树的模块。

图 30-1 MEGA 5 界面

30.2 软件与数据

软件:MEGA 5.0 (http://www.megasoftware.net/)

数据:植物抗病基因同源序列 (http://ibi.zju.edu.cn/bioinplant/courses/mult_protein.txt)

30.3 实验步骤

(1)数据导入,可通过以下几种方式:①直接导入原始 fasta 格式数据,通过 align 功能进行序列联配,联配完成后保存 *.mas 文件;②点击菜单栏"File"→"Convert File Format to MEGA...",选中通过 clustalw 处理的 *.phy 格式的联配文件,转为" *.meg"格式文件后,保存该文件。然后点击菜单栏"File"→"Open A file/Session...",选择相应的" *.mas"或" *.meg"文件并打开。

(2)以 NJ 法为例,构建系统发育树。点击"Analysis"→"Phylogeny"→"Construct/Test Neighbor-Joining Tree...",弹出如图 30-2、图 30-3 所示窗口,检验方法选择"Bootstrap method",重复次数设为"1000"。其余参数默认,点击"Compute",开始建树。

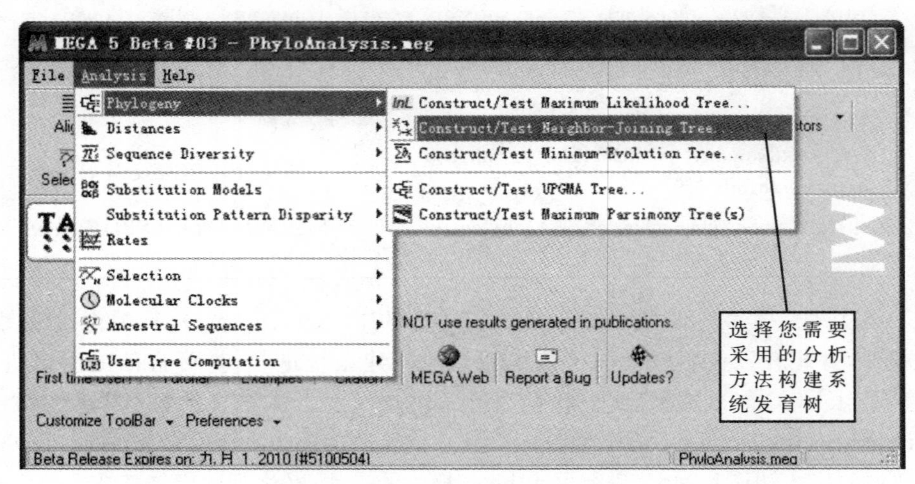

图 30-2 MEGA 5 构建进化树界面 1

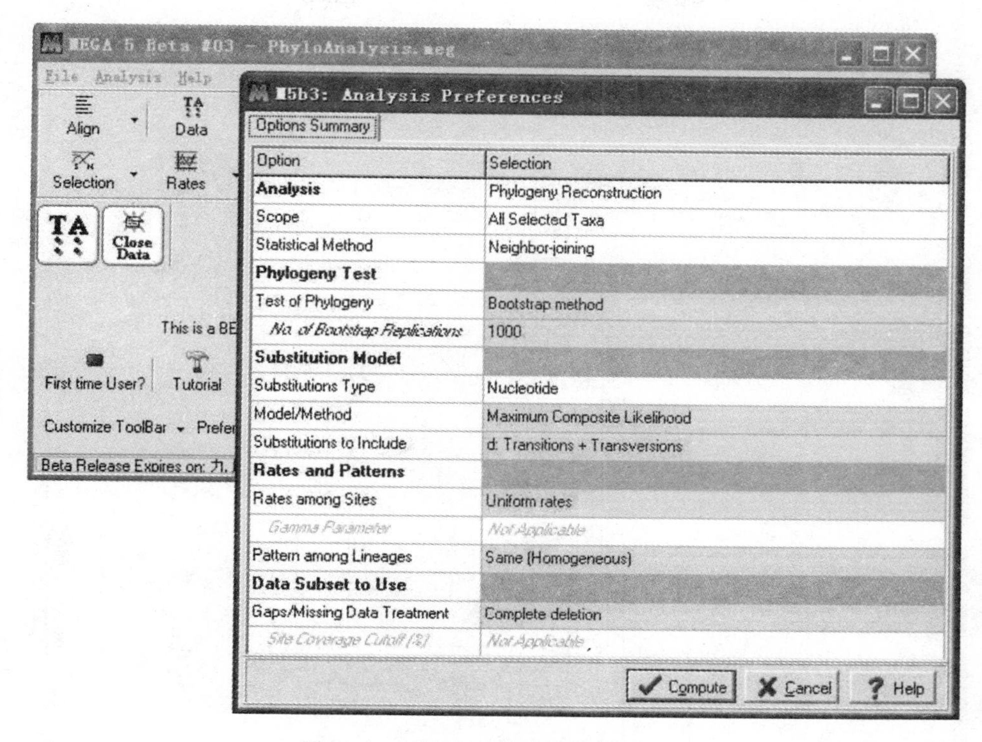

图 30-3　MEGA 5 构建进化树界面 2

运行过程如图 30-4 所示。

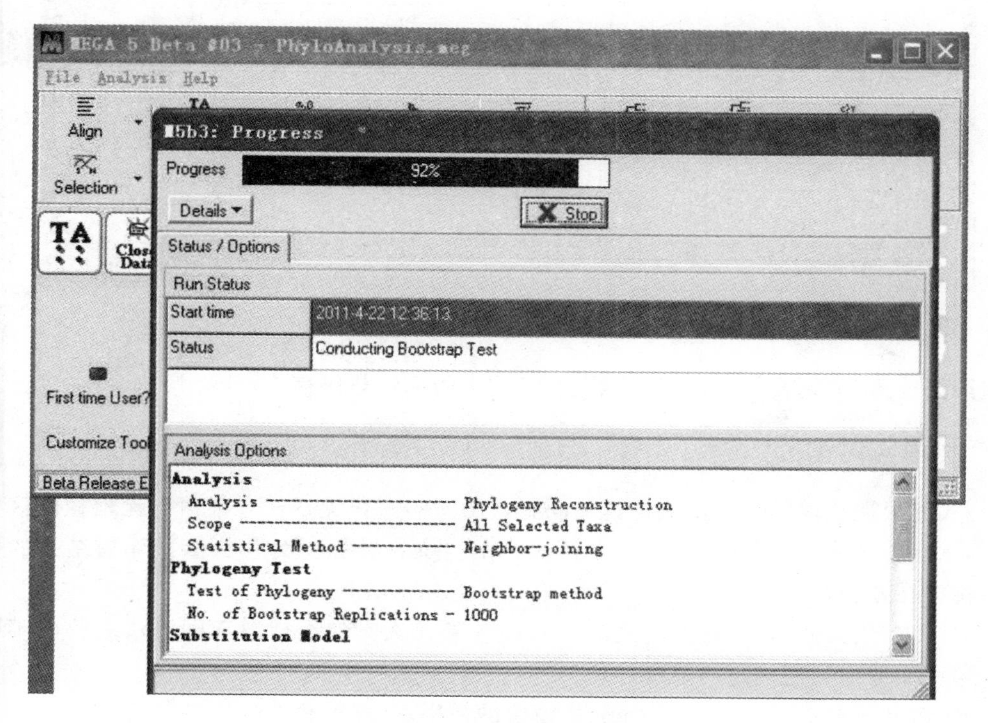

图 30-4　MEGA 5 构建进化树运行过程

生成系统进化树如图 30-5 所示。

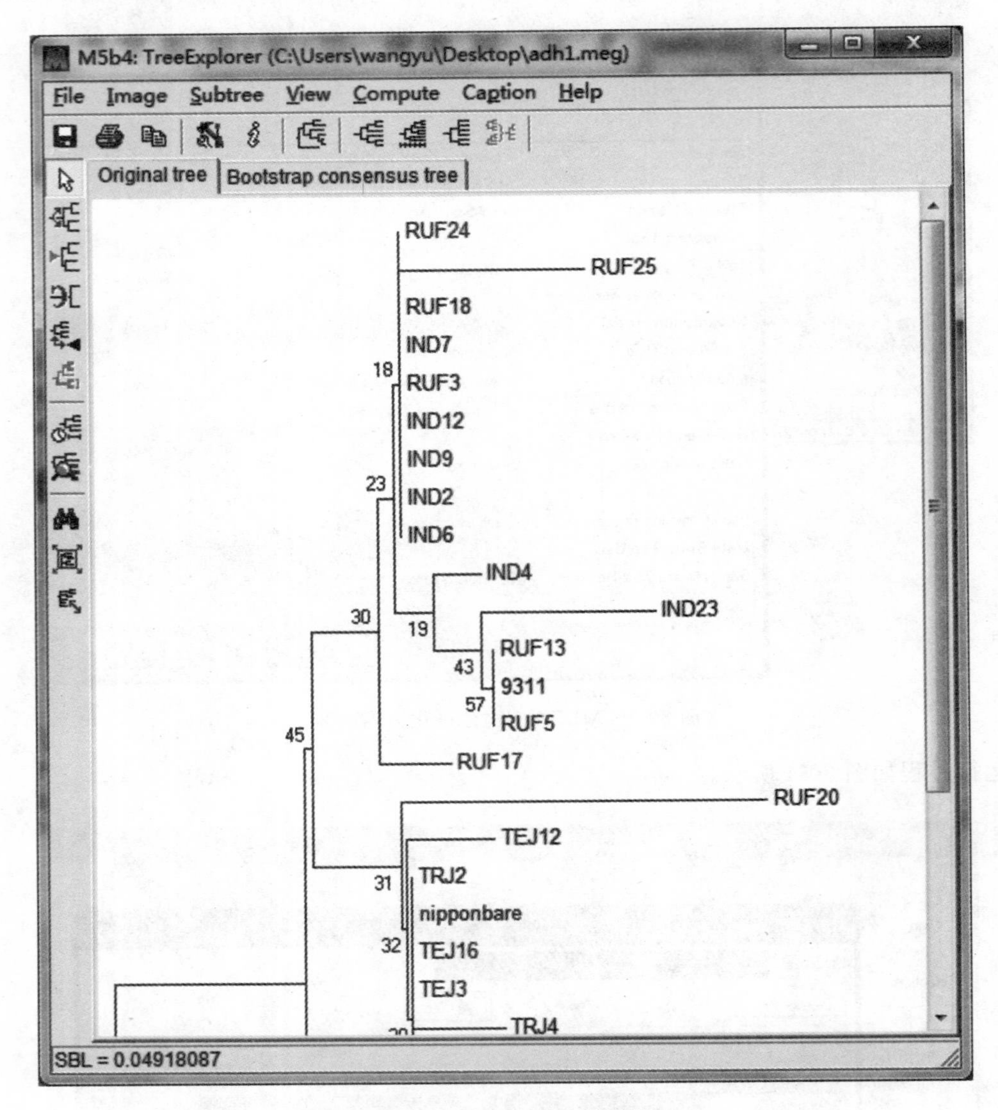

图 30-5　MEGA 5 生成的进化树

树形的选择、美化及 bootstrap 值的过滤，结果的理解与保存。

30.4　问题与讨论

(1)如何根据获得的系统进化树解释同源基因间的进化关系？有根树与无根树的区别是什么，本例能否区分？不同的 bootstrap 值表示的含义是什么？为什么多次建树结果的树形拓扑结构存在差异？

(2)NJ 法、最大似然法、最大简约法的原理各是什么？怎么理解不同方法获得的不同结果？如何在文章中利用构建的系统进化树？

(3)了解并掌握 MEGA 5.0 其他分析模块的使用，并理解获得的结果。

附　录

附录Ⅰ　常用试剂的配制

1. 化学试剂的规格

国产化学试剂分五级，其级别名称、代号及用途见表Ⅰ-1所示。

表Ⅰ-1　常用国产化学试剂的规格

级别	名称	代号	标签颜色	用途
一级试剂	保证试剂（优质纯）	G. R.	绿色	杂质含量最低，纯度最高，适用于很精密的科学研究和分析工作
二级试剂	分析试剂（分析纯）	A. R.	红色	杂质含量低，纯度高，适用于精确的科学研究和分析工作
三级试剂	化学纯粹试剂（化学纯）	C. P.	蓝色	质量略低于二级SS，适用于一般的分析实验
四级试剂	实验试剂	L. R.	棕色、黄色或其他	质量较低，但高于工业的SS，适用于一般定性实验
生物试剂	生物试剂	B. R. 或 C. R		根据说明使用

2. 酒精稀释法

不同浓度的酒精溶液，一般用95%酒精加蒸馏水稀释而成，可直接用交叉法稀释。其算式如下：

所需浓度(%)$=V_1+V_2$

式中：V_1(原液需要量)是稀释后浓度×100

V_2(加水量)是(原液浓度－稀释后浓度)×100

例　欲配70%酒精，需95%酒精多少毫升？加水多少毫升？

计算：$V_1=70\%\times100=70$(ml)

$V_2=(95\%-70\%)\times100=25$(ml)

因此，量取70ml 95%酒精，加蒸馏水25ml即成。

不同浓度的酒精配制方法如表Ⅰ-2所示。

表Ⅰ-2 不同浓度酒精的配制

稀释后浓度	原溶液浓度									
	95%	90%	85%	80%	75%	70%	65%	60%	55%	50%
90%	5.6									
85%	11.8	5.9								
80%	18.8	12.5	6.3							
75%	26.7	20.0	13.3	6.7						
70%	35.7	28.6	21.4	14.3	7.1					
65%	46.2	38.5	30.8	23.1	15.4	7.7				
60%	58.3	50.0	41.7	33.3	25.0	16.7	8.3			
55%	72.7	63.6	54.5	45.5	36.4	27.3	18.2	9.1		
50%	90.0	80.0	70.0	60.0	50.0	40.0	30.0	20.0	10.0	
45%	111.1	100.0	88.9	77.8	66.7	55.6	44.4	33.3	22.2	11.1
40%	137.5	125.0	112.5	100.0	87.5	75.0	62.5	50.0	37.5	25.0
35%	171.4	157.1	142.9	128.6	114.3	100.0	85.7	71.4	57.1	42.9
30%	216.7	200.0	183.3	166.7	150.0	133.3	116.7	100.0	83.3	66.7
25%	280.0	260.0	240.0	220.0	200.0	180.0	160.0	140.0	120.0	100.0
20%	375.0	350.0	325.0	300.0	275.0	250.0	225.0	200.0	175.0	150.0
15%	533.3	500.0	466.7	433.3	400.0	366.7	333.3	300.0	266.7	233.3
10%	850.0	800.0	750.0	700.0	650.0	600.0	550.0	500.0	450.0	400.0

注：表中数值为100ml原溶液中需加的水量。

3. 常用酸、碱溶液的配制

不同浓度的常用酸碱溶液的配制见表Ⅰ-3所示。

表Ⅰ-3 不同浓度的常用酸碱溶液的配制

名称	相对分子质量	相对密度(*d*)	含量(W/V)/%	配制溶液的浓度(mol/L)*				配制方法
				6	2	1	0.5	
盐酸(HCl)	36.5	1.18	36.0	515.5	171.8	85.9	43.0	量取所需浓度酸，加水稀释成1L
硝酸(HNO_3)	63.0	1.39	65.0	418.4	139.5	69.7	34.9	量取所需浓度酸，加水稀释成1L
硫酸(H_2SO_4)	98.1	1.83	95.0	338.6	112.9	56.4	28.2	量取所需浓度酸，在不断搅拌下，缓缓加入适量水中，冷却后加水至1L
磷酸(H_3PO_4)	97	1.69	85	409.3	136.4	68.2	34.1	同盐酸
冰醋酸(CH_3COOH)	60.05	1.05	70	490.2	163.4	81.7	40.9	同盐酸
氢氧化钠(NaOH)	40.0			240.0	80.0	40.0	20.0	称取所需试剂，溶于适量水中，不断搅拌，冷却后用水稀释至1L
氢氧化钾(KOH)	56.11			336.7	112.2	56.1	28.1	同氢氧化钠

* 配制1L溶液所需的体积(ml)(固体试剂为质量(g))。其他浓度的配制可按表中数据按比例折算。

4. 洗涤液的配制及使用方法

针对仪器和各种器皿沾污物的性质，可采用不同洗涤液清洗。各种洗涤液的配方及使用方法见表Ⅰ-4 所示。

表Ⅰ-4　几种常用洗涤液的配制和使用方法

洗涤液	配制方法	使用方法
铬酸洗液	研细的重铬酸钾 20g，溶于 40ml 水中，慢慢加入 360ml 浓硫酸	用于浸泡玻璃器皿，去除器壁残留油污。洗液可重复使用
浓盐酸洗液		用于洗去玻璃器皿中的水垢、碱性物质及某些无机盐沉淀
碱性洗液	10% 氢氧化钠水溶液或乙醇溶液	水溶液加热（可煮沸）使用，去除器皿中残留油污，碱-乙醇洗液不需要加热
碱性高锰酸钾洗液	4g 高锰酸钾溶于水中，加 10g 氢氧化钠，用水稀泽至 100ml	清洗油污或其他有机物质，洗后容器沾污处有褐色二氧化锰析出，再用浓盐酸或草酸洗液、硫酸亚铁、亚硫酸钠等还原剂去除
草酸洗液	5～10g 草酸溶于 100ml 水中，加数滴浓盐酸酸化	可洗去高锰酸钾的痕迹；必要时可加热使用
30%硝酸溶液		洗涤 CO_2 测定仪及微量滴管，洗滴定管时，可先在滴定管中加 3ml 酒精，然后沿管壁缓缓加入 4ml 浓硝酸，盖住管口洗涤
碘-碘化钾溶液	1g 碘和 2g 碘化钾溶于水中，用水稀释至 100ml	洗涤用过硝酸银滴定液后留下的黑褐色沾污物，也可用于擦洗沾过硝酸银的白瓷水槽
5%～10% Na_2-EDTA 溶液		加热煮沸可洗涤玻璃器皿内壁沉淀物
尿素洗液		用于洗涤盛蛋白质制剂及血样的容器
有机溶剂	苯、乙醚、丙酮、乙醇等	用于洗涤油脂、脂溶性染料等污痕。二甲苯可洗去油漆等污垢

附录Ⅱ　常用培养基的配制

1. 植物组织培养常用培养基

表Ⅱ-1　几种常用培养基配方

成分	W14	MS	B_5	Nitsch	N_6
NH_4NO_3	20.0	1650.0	—	720.0	—
$NH_4H_2PO_4$	3.8				
K_2SO_4	7.0				
KNO_3		1900.0	2527.5	950.0	2830.0
$CaCl_2 \cdot 2H_2O$	1.4	440.0	150.0	—	166.0
$CaCl_2$		—	—	166.0	—
$MgSO_4 \cdot 7H_2O$	2.0	370.0	246.5	185.0	185.0
KH_2PO_4		170.0	—	68.0	400.0
$(NH_4)_2SO_4$		—	134.0	—	463.0
$NaH_2PO_4 \cdot H_2O$		—	150.0	—	—
KI	0.05	0.83	0.75	—	0.8
H_3BO_3	0.3	6.2	3.0	10	1.6
$MnSO_4 \cdot 4H_2O$		22.3	—	25.0	4.4
$MnSO_4 \cdot H_2O$	0.8	—	10.0	—	—
$ZnSO_4 \cdot 7H_2O$	0.3	8.6	2.0	10.0	1.5
$Na_2MoO_4 \cdot 2H_2O$	0.0005	0.25	0.25	0.25	—
$CuSO_4 \cdot 5H_2O$	0.0025	0.025	0.025	0.025	—
$CoCl_2 \cdot 6H_2O$	0.0025	0.025	0.025	—	—
$FeSO_4 \cdot 7H_2O$	27.8	27.8	—	27.8	27.8
$Na_2 \cdot EDTA \cdot 2H_2O$	37.3	37.3	—	37.3	37.3
Fe · EDTA		—	28.0	—	—
肌醇		100.0	100.0	100	—
烟酸	0.5	0.5	1.0	5	05
盐酸吡哆醇	2.0	0.5	1.0	0.5	0.5
盐酸硫铵素	0.5	0.1	10.0	0.5	1.0
甘氨酸	2.0	2.0	—	2.0	2.0
叶酸		—	—	0.5	—
生物素		—	—	0.05	—
蔗糖	100.0	30.0	20.0	20.0	50.0

2. 果蝇培养基

果蝇以酵母菌为主要食料，因此实验室内凡能发酵的基质都可用作果蝇培养基，常用的果蝇不同培养基配方见表Ⅱ-2，其中丙酸的作用是抑制霉菌污染。

表Ⅱ-2 常用果蝇饲养培养基配方

成分	玉米粉培养基	米粉培养基	香蕉培养基
水(ml)	150	100	50
琼脂(g)	1.5	2	1.6
蔗糖(g)	13	10	
香蕉浆(g)			50
玉米粉(g)	17		
米粉(g)		8	
麸皮(g)		8	
酵母粉(g)	1.4	1.4	1.4
丙酸(ml)	1	1	0.5～1

(1)玉米粉培养基：

①按表Ⅱ-2所列的玉米粉培养基各成分的配比(配制量根据所用培养瓶和实验人数而定)，先取应加水量的一半，加入琼脂和蔗糖，煮沸使之充分溶解。

②取另一半水混和玉米粉，加热调成糊状。

③将上述两者混和煮沸。

④待稍冷后加入酵母粉及丙酸，充分调匀，最后分装到经灭菌的培养瓶中。

(2)米粉培养基：配制方法同玉米粉培养基，用米粉代替玉米粉。

(3)香蕉培养基：

①将熟透的香蕉捣碎，制成香蕉浆。

②将琼脂加水煮沸，使之充分溶解。

③将琼脂溶液拌入香蕉浆，煮沸。

④待稍冷后加入酵母粉及丙酸，充分调匀分装。若用酵母菌液代替酵母粉，则应在培养基分装到培养瓶中后再加入，每瓶加数滴。

附录Ⅲ　不同自由度下的 χ^2 值和 P 值表

表中 P 为概率值，df 为自由度，求得 χ^2 值后，根据相应的自由度（N-1，N 表示所观察到的表现型组数），查出 P 值，如 $P>0.05$，就表明观察结果与理论值相符，差异不显著；如果 $P<0.05$，则表明实验结果与理论值不符，差异显著。

表Ⅲ-1　不同自由度下的 χ^2 值和 P 值表

df	0.995	0.975	0.900	0.500	0.100	0.050	0.025	0.020	0.005
1	0.000	0.000	0.016	0.455	2.706	3.841	5.024	6.635	7.879
2	0.010	0.051	0.211	1.386	4.605	5.991	7.378	9.210	10.597
3	0.072	0.216	0.584	2.366	6.251	7.815	9.348	11.345	12.838
4	0.207	0.484	1.064	3.357	7.779	9.488	11.143	13.277	14.860
5	0.412	0.831	1.610	4.351	9.236	11.070	12.832	15.086	16.750
6	0.676	1.237	2.204	5.348	10.645	12.592	14.449	16.812	18.548
7	0.989	1.690	2.833	6.346	12.017	14.067	16.013	18.475	20.278
8	1.344	2.180	3.490	7.344	13.362	15.507	17.535	20.090	21.955
9	1.735	2.700	4.168	8.343	14.684	16.919	19.023	21.666	23.589
10	2.156	3.247	4.865	9.342	15.987	18.307	20.483	23.209	25.188
11	2.603	3.816	5.578	10.341	17.275	19.675	21.920	24.725	26.757
12	3.074	4.404	6.304	11.340	18.549	21.026	23.337	26.217	28.300
13	3.565	5.009	7.042	12.340	19.812	22.362	24.736	27.688	29.819
14	4.075	5.629	7.790	13.339	21.064	23.685	26.119	29.141	31.319
15	4.601	6.262	8.547	14.339	22.307	24.996	27.488	30.578	32.801
16	5.142	6.908	9.312	15.338	23.542	26.296	28.845	32.000	34.267
17	5.697	7.564	10.085	16.338	24.769	27.587	30.191	33.409	35.718
18	6.265	8.231	10.865	17.338	25.989	28.869	31.526	34.805	37.156
19	6.844	8.907	11.651	18.338	27.204	30.144	32.852	36.191	38.582
20	7.434	9.591	12.443	19.337	28.412	31.410	34.170	37.566	39.997
21	8.034	10.283	13.240	20.337	29.615	32.670	35.479	38.932	41.401
22	8.643	10.982	14.042	21.337	30.813	33.924	36.781	40.289	42.796

续表

df	0.995	0.975	0.900	0.500	0.100	0.050	0.025	0.020	0.005
23	9.260	11.688	14.848	22.337	32.007	35.172	38.076	41.638	44.181
24	9.886	12.401	15.659	23.337	33.196	36.415	39.364	42.980	45.558
25	10.520	13.120	16.473	24.337	34.382	37.652	40.646	44.314	46.928
26	11.160	13.844	17.292	25.336	35.563	38.885	41.923	45.642	48.290
27	11.808	14.573	18.114	26.336	36.741	40.113	43.194	46.963	49.645
28	12.461	15.308	18.939	27.336	37.916	41.337	44.461	48.278	50.993
29	13.121	16.047	19.768	28.336	39.088	42.557	45.722	49.588	52.336
30	13.787	16.791	20.599	29.336	40.256	43.773	46.979	50.892	53.672
31	14.458	17.539	21.434	30.336	41.422	44.985	48.232	52.192	55.003
32	15.135	18.291	22.271	31.336	42.585	46.194	49.481	53.486	56.329
33	15.816	19.047	23.110	32.336	43.745	47.400	50.725	54.776	57.649
34	16.502	19.806	23.952	33.336	44.903	48.602	51.966	56.061	58.964
35	17.192	20.570	24.797	34.336	46.059	49.802	53.203	57.342	60.275
36	17.887	21.336	25.643	35.336	47.212	50.998	54.437	58.619	61.582
37	18.586	22.106	26.492	36.335	48.363	52.192	55.668	59.893	62.884
38	19.289	22.879	27.343	37.335	49.513	53.384	56.896	61.162	64.182
39	19.996	23.654	28.196	38.335	50.660	54.572	58.120	62.428	65.476
40	20.707	24.433	29.051	39.335	51.805	55.758	59.342	63.691	66.766
41	21.421	25.215	29.907	40.335	52.949	56.942	60.561	64.950	68.053
42	22.139	25.999	30.765	41.335	54.090	58.124	61.777	66.206	69.336
43	22.860	26.786	31.625	42.335	55.230	59.304	62.990	67.460	70.616
44	23.584	27.575	32.487	43.335	56.369	60.481	64.202	68.710	71.893
45	24.311	28.366	33.350	44.335	57.505	61.656	65.410	69.957	73.166
46	25.042	29.160	34.215	45.335	58.641	62.830	66.617	71.202	74.437
47	25.775	29.956	35.081	46.335	59.774	64.001	67.821	72.443	75.704
48	26.511	30.755	35.949	47.335	60.907	65.171	69.023	73.683	76.969
49	27.250	31.555	36.818	48.335	62.038	66.339	70.222	74.920	78.221
50	27.991	32.357	37.669	49.335	63.167	67.505	71.420	76.154	79.490

附录Ⅳ　数码生物显微镜的使用方法

以目前在数码互动教室里用得较多的 Motic BA310 数码生物显微镜为例，说明使用操作步骤。

（一）基础操作

1. 打开电源。

2. 将光源调为最亮。

3. 转动粗调及微调手轮，将载物台上升到物镜观察的焦面位置上。

4. 转动聚光镜调节手轮，将聚光镜升到最高位置。

5. 将孔径光栏开到最大。

6. 将 4× 物镜摆入光道中，装好目镜。

7. 关机时，请先将光源调至最暗，再关闭电源。

（二）光轴中心的调整

1. 将视场光栏和孔径光栏完全打开。

2. 转动视场光栏调节圈将视场光栏关到最小。

3. 将切片放置于载物台上。

4. 采用 10× 物镜对样品进行调焦。

5. 转动聚光镜调节手轮，直到视场光栏的像清晰地呈现在样品表面上。

6. 调节聚光镜调中螺钉，直至视场光栏像的中心与目镜视场中心重合。

7. 每次物镜倍率变换，都要调节对中视场光栏，使之比目镜视场略大。

（三）油浸物镜的使用

1. 油浸物镜印有"oil"，使用时，在盖玻片与物镜前片间需添加浸油。

2. 使用前，请驱除在油瓶口处的气泡。

3. 在观察结束后，切记用镜头纸将物镜上的油渍擦拭干净，并用蘸有二甲苯的镜头纸将残留油膜去掉。

4. 用一个较低倍的物镜定位视场的位置，然后把物镜转出光路，在样品上再滴加一滴油，把油浸物镜转入光路，通过微动调焦使像清晰。

（四）显微摄影操作

1. 将三目筒上的光路转换拉杆拉出，使之到位，这时进入观察筒和进入摄像筒的光的比例为 20∶80。

2. 启用 Motic Images Advanced 3.2 后，出现该软件的工作界面。

3. 点击工具栏中的采集窗按钮。

4. 启用 Motic 显视视频工具。

5. 点击窗口工具栏中的静态图像捕捉按钮，你将捕捉到采集窗口所见到的实时图像。

6. 在捕捉图像之后，通过点击"设置"按钮，在"设置"对话框中选择"用户自定义文件名"。设置完成之后，点击"捕捉"按钮将出现对话框，输入文件名称并选择存储文件格式及存储路径后点击“确定”，文件便可以以用户自定义的名称和格式存储。

7. 测量：选择一种需要进行测量的图形，如线形（测长度），移动鼠标指针到图像窗口，点击并拖动鼠标划出您要测量的区域或距离。完成测量操作后，可再次通过鼠标的拖曳改变测量的位置及范围。

8. 在图像的其他部分点击鼠标右键，将得到弹出式菜单，选择“固定”或“锁”命令保存测量结果。

9. 执行完测量操作后，测量结果可直接在图像上观察到，也可点击控制面板中测量选项卡的测量表按钮，在得到测量表的对话框中观察。其结果还可以导出 EXCEL 表格或文本文档。

10. 打印报告：点击工具栏中 Motic 报告打印按钮，启动 Motic 报告打印后将预览窗口中的图片拖到页面中，图片周围的红色方框可用来调节图片的大小，可以建立多页报告，并可以在报告中输入文字，同时也可实现多页预览，最后可将做好的报告打印出来。

附录Ⅴ　遗传学实验中几个重要的注意事项

实验过程中学生需要注意的事项很多,但根据我们20多年的遗传学实验教学经验,以下若干方面特别值得学生的重视:

一、实验要先预习、进教室要“带脑子”。部分学生进实验室后不知道今天要做什么实验,老师讲解时不认真听,开始做实验后就连连问老师“怎么做啊”,这样的学生做实验的效果可想而知。建议实验开始前最好花10min让学生做一份预习测验,并把测验成绩以较高比例算入实验总成绩中,以让学生在实验前就多动动脑子。

二、观察细胞染色体制片时要有耐心,最好采用逐行扫描法。有时候一张片子中仅有一处细胞相表现优良,如果观察时马马虎虎,则很容易错过。课堂上经常出现的一景是:学生连连高喊什么都看不到,但老师帮他(她)仔细观察后,却发现了很好的细胞相。

三、遗传学实验常常要接触染色液,几乎所有染色液碰到皮肤或沾上衣服后一时都洗不掉,所以实验时最好要穿工作服、戴薄手套。

四、收集果蝇处女蝇一定要掌握好时间。根据我们的经验,果蝇羽化后7h内收集处女蝇是比较安全的,过了7h则很难保证取到的处女蝇是否真正为“处女”。很多学生自己动手做果蝇实验时常常因为晚上睡过头而取不到真的处女蝇导致实验失败。

五、用中性树胶封片的标本要风干数小时后再在显微镜下观察,以防未凝固的树胶沾上物镜使物镜无法清洗干净而报废。过去我们实验室每年都会因此类事故报废若干物镜,造成较大的财产损失。目前一个普通的40×物镜价格要在千元以上。

六、要严防树脂掉落在桌面上或碰到瓶口。落在桌面上很难清洗,甚至会留下永久的污迹;碰到手上一时也很难洗干净;碰到瓶口则会造成瓶盖与瓶身紧密粘合无法打开瓶子。

七、清洗玻璃用具时一定要戴手套,以防玻璃爆碎、割伤手指。此类事故严重时会割断血管造成大量出血,威胁学生的生命安全。

八、严防液氮伤人。液氮的温度是－196℃,极易造成人体皮肤损伤。皮肤刚接触液氮时可能反应并不强烈,但数小时后被损伤的皮肤会慢慢坏死、脱落。

九、用天平称量后一定要及时将天平清理干净。即使米粉、玉米粉掉在天平表面,因其含有水分也会很快使铁质的天平表面生锈,更不要说如氢氧化钠等具有强腐蚀性的化学药品。天平生锈后不仅影响美观,而且影响称量的精准度。

十、不要在完全裸露情况下观察凝胶成像。视网膜对紫外线不敏感,直接或间接的紫外线照射0.5～24h会使眼睛产生炎症;而在凝胶成像仪等仪器中直接在强紫外线下观察电泳条带时只要几十秒就会损伤眼睛,时间更长则可造成失明,所以要特别注意。另外,人体皮肤对紫外线较敏感。因此,有条件的遗传学实验室应配备专用的保护镜和防护衣,学生在进行实验时应戴上防护眼镜,穿上防护衣,以减少暴露。

附录Ⅵ　常用生物信息学网站

Description	Website
GenBank	http://www.ncbi.nlm.nih.gov/
EMBL	http://www.ebi.ac.uk/ena/home
DDBJ	http://www.ddbj.nig.ac.jp
Swiss-Prot; Annotated and non-redundant protein sequence database	http://www.uniprot.org/
TAIR; Arabidopsis genome database	http://www.arabidopsis.org/
RGAP; Rice genome database	http://rice.plantbiology.msu.edu/
Phytozome; Plant genome database	http://www.phytozome.net/
Gramene; Plant genome database	http://www.gramene.org/
PlantGDB; Plant genome /transcriptome database	http://www.plantgdb.org/
TMpred; Prediction of transmembrane regions	http://ch.embnet.org/software/TMPRED_form.html
TMHMM; Prediction of transmembrane regions	http://www.cbs.dtu.dk/services/TMHMM-2.0/
SignalP; Prediction of signal peptide	http://www.cbs.dtu.dk/services/SignalP/
Pfam; Protein domain database	http://pfam.sanger.ac.uk/
PROSITE; Protein domain database	http://prosite.expasy.org/
SMART; Protein domain database	http://smart.embl-heidelberg.de/
InterPro; Protein domain database	http://www.ebi.ac.uk/interpro/
PredictProtein; Protein sequence/domain analyses	https://predictprotein.org/
PDB; Protein 3D structure	http://www.rcsb.org/pdb/home/home.do
Blast; Sequence homology search	http://blast.ncbi.nlm.nih.gov/Blast.cgi
MAFFT; Sequence alignment	http://mafft.cbrc.jp/alignment/server/index.html
ClustalW; Sequence alignment	http://www.ebi.ac.uk/Tools/msa/clustalw2/
ORF finder; ORF finding	http://www.ncbi.nlm.nih.gov/gorf/gorf.html
Fgenesh; Gene finding	http://www.softberry.com/berry.phtml?topic=fgenesh&group=programs&subgroup=gfind
GenScan; Gene structure	http://genes.mit.edu/GENSCAN.html
MEGA; Phylogenetic tree construction	http://www.megasoftware.net/
PHYLIP; Molecular phylogentic analysis	http://evolution.genetics.washington.edu/phylip.html
GO; Gene ontology annotation	http://geneontology.org/
KEGG; Pathway database	http://www.genome.jp/kegg/
Nucleic Acids Research; Scientific journal	http://nar.oxfordjournals.org/
Bioinformatics; Scientific journal	http://bioinformatics.oxfordjournals.org/

“问题讨论”参考答案

实验1 植物细胞有丝分裂的观察与永久片制作

(1)为什么将秋水仙碱的处理时间定为2～4h?

参考答案: 这是因为大多数植物在有丝分裂时其前期维持的时间一般在1h左右,用秋水仙碱处理2～4h,理论上即可完成覆盖整个前期的时间,使在前期的任一时段都不能顺利形成纺锤丝,从而达到使染色体中期停留时间延长的目的。同学们可以尝试:在秋水仙碱的处理时间多于细胞周期的情况下,有丝分裂的中期细胞相数目是否还会有大的增加?从理论上分析是有可能的,因为这样做可以使大量的间期(G_1+S+G_2)细胞进入到前期并停留在中期。

(2)为什么显微镜下看到的细胞中期分裂相很少?

参考答案: 这是因为根尖接触到固定液后所有细胞几分钟内就被杀死,其细胞内的各种结构就被固定在细胞被杀死前瞬间的状态。而在植物细胞周期中,有丝分裂期所占的时间仅十分之一左右;而在有丝分裂过程中,中期所占的时间也仅十分之一左右。所以,在整个细胞周期中,细胞分裂中期仅占有约百分之一的时间。这就是说,在细胞周期的任一瞬间,平均一百个细胞中仅有一个是处在有丝分裂中期,所以显微镜下能看到的细胞中期分裂相就很少了,出现染色体形态好、分散好的细胞中期分裂相的概率就更低了。

(3)为什么有丝分裂过程中看到的染色体有细长型、短粗型、X型等各种不同的形态?

参考答案: 这实际上是染色体在有丝分裂过程中不断凝缩变短的过程。在中前期至末前期,染色体的两条染色单体由着丝点相连,互相缠绕,表现为细长型;到中期,两条染色单体进一步缩短,仅在少数部位还有缠绕现象,染色体表现为短粗型;至晚中期,两条染色单体缩得最短并完全分开,仅着丝点还连在一起,染色体表现为X型。

(4)为什么做永久制片时不能直接用纯酒精对材料脱水?

参考答案: 市场上出售的酒精有95%和100%(纯酒精)两种。高浓度的酒精(95%以上)对组织有强烈的收缩和脆化的缺点,因此材料在水洗后不能立即投入高浓度酒精中脱水,而应在不同浓度的酒精里逐渐脱水。一般组织(除神经组织、柔软组织外)可从70%酒精开始经80%、95%、100%酒精,使它逐步脱水。对一些柔软组织如胚胎组织、低等无脊椎动物组织,要从70%酒精以下的50%或30%或20%开始,否则组织收缩较大。以上各种浓度的酒精常用95%酒精加蒸馏水稀释而成,而不用纯酒精稀释,因为它的价格较贵。本实验中用正丁醇与酒精混合可起到同样的作用。

实验 2 植物细胞减数分裂的观察与永久片制作

(1)在制作减数分裂压片时，为什么不像有丝分裂那样用解剖针进行敲打？

参考答案：这是因为同源染色体的配对是比较脆弱的，在较强外力作用下，配对的同源染色体可能会分开，导致镜检结果失真。尤其在远缘杂交的杂种 F_1 代花粉母细胞制片时，同源异源染色体间的配对更加脆弱，有的染色体间仅有一小段能够配对，此时稍加压力就有可能将配对破坏，从而得出有关两个不同物种间同源性的不正确的判断。

(2)为什么显微镜下看到的花粉母细胞分裂相较一致？

参考答案：虽然减数分裂也是有丝分裂的一种，也存在细胞分裂周期，而且在细胞周期中其中期的维持时间也是最短的，但是减数分裂有其特殊性。这种特殊性主要表现在在同一个花药中，其每个花粉母细胞的分裂保持较好的同步性，即所有细胞的分裂起点是基本一致的，细胞周期也是一样的，因而它们在同一时间段里的分裂相也是一致的。可能我们看到的同一个花药中不同花粉母细胞的分裂相有的处于第一次分裂的终变期，有的处于第一次分裂的中期；但是一般不可能出现一个分裂相在第一次分裂的前期，而另一个分裂相在第二次分裂的中期或后期的现象。

(3)女孩子在织毛衣时不小心把线球弄乱就容易形成死结而难以理顺。为什么在细线期、偶线期看到的细胞染色体像一团互相交错的“线球”，而在双线期、终变期每条染色体却能够完美地与其他染色体分离呢？

参考答案：这是因为压片的缘故。在活体中细胞核呈一个球型的立体结构。每条染色体在这个立体结构中都有一个相对独立的空间，并依附在核骨架上。染色体的任何运动都是沿着核骨架“轨道”进行的，有序地移动或折叠，它们间不会因为交叉而打成“死结”，就像铁路上火车运行时有指挥系统控制不会发生撞车一样。但经过压片以后，细胞的立体结构可能被破坏，加上我们看到的是一个平面的图像，造成在细线期、偶线期看到的细胞染色体看上去像一团互相交错的“线球”。试想一下，如果我们有一台显微镜能看到活体细胞的立体图像，就会发现染色体不是互相交错在一起的，而是互相独立的，它们由细线期、偶线期的细长状态慢慢折叠收缩成双线期、终变期的一个个粗短的染色体。

(4)为什么用树胶封片时盖玻片和载玻片没有按原来位置对好，镜检时还能看到大部分封片前看到的细胞相？

参考答案：这是由于大部分细胞都黏附在载玻片上的缘故。玻片在酒精灯火焰上烘烤的过程中，随着醋酸洋红溶液的渐渐蒸发，溶液中的花粉母细胞由于载玻片的温度高、盖玻片的温度相对较低而趋向于转移到盖玻片上。因此在封片时即使盖玻片没有盖回原位，也还能看到大部分的细胞相。

实验 3 果蝇的性状观察与伴性遗传

(1)摩尔根发现的白眼果蝇为什么可以断定是雄性的？

参考答案：这是因为控制眼色性状的基因是在 X 性染色体上（Y 性染色体不带基因），而白眼性状相对于红眼性状是隐性的。一个野生的红眼雌果蝇有两条 X 染色体，必须同时发生两次隐性突变才能变成白眼雌果蝇，这种概率实在是太低了，可以认为是不能发生的；而一个野生的红眼雄果蝇只有一条 X 染色体，只要发生一次突变就可以变成白眼雄果蝇。因此由突变产生的白眼果蝇可以断定是雄性的。

(2)如果在反交组合的 F_1 中出现白眼的雌果蝇，估计是由什么原因引起的？

参考答案： 从图 1 中可以看出，在反交组合的 F_1 中，如果按照正常的遗传途径，雌蝇一定是红眼的，而雄蝇一定是白眼的。

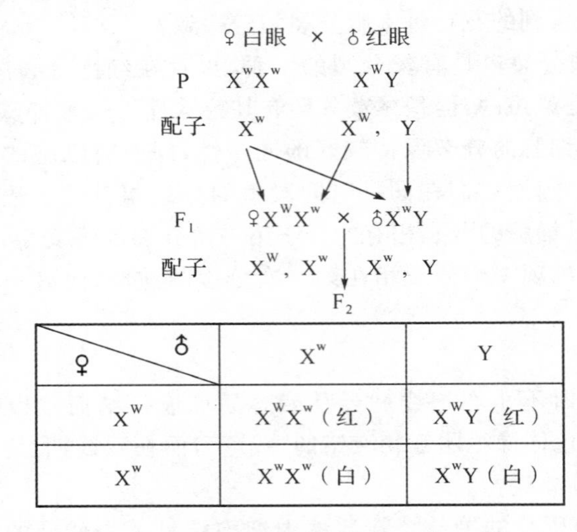

♀ \ ♂	X^w	Y
X^W	X^WX^w（红）	X^WY（红）
X^w	X^wX^w（白）	X^wY（白）

图 1　反交组合的伴性遗传

假如在 F_1 中出现了白眼的雌蝇，那只能是发生了以下两种情况：①母本果蝇混入了 F_1 代，即在取处女蝇时发生了错误，将已交配过的母蝇当作处女蝇了；②控制眼色的显性基因发生了突变。一般发生突变的可能性较小，所以首先应该考虑取处女蝇时发生了错误。

应该指出的是，在进行正交组合实验时，即使在取处女蝇时发生了错误，也不能直接从 F_1 代中看出，因为母本和 F_1 代的果蝇都是红眼的。也正因为如此，一般用反交组合来做伴性遗传实验，能够得到较准确的结果。

实验 4　果蝇的基因定位

(1)在做测交时，取 F_1 的雌蝇为什么可以不取处女蝇？

参考答案： 因为 F_1 代中雄蝇都为三隐性果蝇，而在三点测验中本来就要用三隐性雄蝇与 F_1 代中的雌蝇做测交，所以 F_1 代中的雌蝇不用取处女蝇。

但是要注意一点，F_1 代中的三隐性雄蝇与作为亲本的三隐性雄蝇还是有区别的，因为它们的遗传组成不同，在活性上也有一定区别。

(2)在做果蝇的三点测交实验时，一般用三隐性果蝇做母本和野生雄蝇做父本配置组合。如果换用野生果蝇的处女蝇做母本和三隐性雄蝇做父本配置组合是否可行？为什么？

参考答案： 也是可行的。因为 F_1 代中雌蝇的基因型与前面是完全一样的。那为什么所有的指导书中都说要用三隐性果蝇做母本呢？主要是因为 F_1 代中的雄蝇的基因型有区别，它不再是三隐性的了，而是三显性的，因此不能用于测交。所以如果用野生果蝇的处女蝇做母本和三隐性雄蝇做父本配置组合，F_1 代中的雌蝇就必须要取处女蝇，这就增加了实验的工作量。

(3)为什么在测交 F_2 代中亲本型数量最多，双交换最少？

参考答案：首先，减数分裂前期的时候只有两条非姐妹染色单体发生交换，另两条不发生交换，这就保证了重组型数量最多不超过 50%。其次，基因间发生交换的概率毕竟是比较低的，并不是每个精母细胞或卵母细胞中都会有交换发生。再次，三个基因间同时发生两次交换的概率就更少了，所以双交换是最少的。

实验 5　植物染色体的核型分析

(1)为什么经常会看到在某些物种的核型中染色体的序号排列同染色体的长度排列不一致？

参考答案：有两个原因，一是有的人算进随体长度而有的人不算进随体的长度；二是在取所有人研究结果的平均值时会产生这种情况。

(2)做核型分析时，全人工进行染色体的拍照、放大、测量、配对、排序、剪贴等工作很花时间和精力，能否在电脑上快速完成这些工作？

参考答案：对于分带染色的核型分析，目前已有功能强大的染色体配对影像系统软件，可以自动完成核型图像预处理(迅速滤除核型周边杂质，自动增强染色体带纹识别能力，快速精确分离粘连或交叉染色体)、核型配对(提供自动与人工参与两种分析模式，染色体全自动识别、配对)、核型标准图绘制(根据 ISCN 国际体制，提供核型标准模式图，自动选择有无特定核型或核型分组标识的参照显示)、异常核型数据分析(快速获取染色体核型物理参数，同时利用 CASM 提供的标准 ISCN 模板及条带比较、染色体拉伸、分类比较、统计学分析或条带增强等技术，来进行染色体核型图的深入分析)等工作。

但对于以臂比大小、随体有无等特征进行的核型分析，目前还没有较完善的配套软件。特别是植物的分带染色效果不好，做核型分析时大多还要这样人工配对和剪贴。

实验 6　植物染色体的结构变异和数量变异

(1)偏凸山羊草与硬粒小麦的杂种 F_1 花粉母细胞的减数分裂中看不到二价体的存在，因此 F_1 植株应该是不育的，为什么还会有后代产生呢？

参考答案：这肯定是由于在 F_1 植株的某个小花中同时产生了不减数的(或者说是有活力的)雄配子和雌配子，这样雌雄配子结合就产生了双二倍体的杂种 F_2 种子。这可以从两个方面得到证明：①在显微镜下仔细观察杂种 F_1 花粉母细胞的减数分裂，可以发现在少量四分体中，2 个子细胞中有 27～28 条染色体，另 2 个子细胞里有 1 条或没有染色体。这 2 个不减数的子细胞今后很可能形成有活力的配子。这是花粉母细胞经减数分裂形成不减数配子的细胞学基础。②观察杂种 F_2 花粉母细胞的减数分裂，可以发现花粉母细胞的染色体数是 $2n=56$，而且减数分裂过程基本正常。

(2)不减数配子是如何形成的？杂种 F_1 的结实率有多高？

参考答案：如果杂种 F_1 在第一次减数分裂后期单价体的移动是随机的，那么 28 个单价体全部移向一极而另一极空白的概率是 $1/2^{27}$，这可以认为是一个不可能发生的事件。因此，从理论上讲，不减数配子是不可能产生的，而在一个小花中同时形成不减数的雌雄配子而它们恰好成功结合的概率完全可以忽视不计。但实际情况并不是如此，杂种 F_1 的结实率最高可以达到 5%。这就说明在杂种 F_1 中一定还存在着一个形成不减数配子的特殊机制。已有大量报道认为在小麦属的某些种中存在着控制不减数配子形成的基因，同学们有兴趣的话可以自己去查阅有关文献。

实验 7　植物染色体的显带技术

(1)BSG 法为什么都用饱和的 $Ba(OH)_2$ 水溶液？能用 NaOH、KOH 等代替吗？

参考答案：BSG 法的原理是用强碱处理使染色体变性，把 DNA 分子的双链拆开，以后又经 SSC 盐溶液的"复性"处理，使单链的 DNA 分子重新形成氢键，恢复原来的双链结构，由于结构异染色质变性迟，但复性快，因此，早复性的结构异染色质被 Giemsa 染料深染而使染色体显出带纹。$Ba(OH)_2$、NaOH、KOH 等都是强碱，理论上都可以用来使染色体变性，而且效果也差不多；但它们还是有区别的，主要是它们的溶解度差别很大，$Ba(OH)_2$ 的溶解度很低，5%就饱和了，而 NaOH、KOH 的溶解度很高，实验时需要的量会很多，所以在实验中 $Ba(OH)_2$ 用得比较多。实际上，作者认为，由于 $Ba(OH)_2$ 很容易与空气中的 CO_2 反应生成 $BaCO_3$ 沉淀而对染色体显带产生干扰，用 NaOH、KOH 就不会产生沉淀，实验效果可能更好，同学们有机会的话不妨试做一下。

(2)制好的压片为什么一定要经过较长时间的干燥才能显带？

参考答案：这是一个从实践中总结出来的问题，不经过干燥显带就比较困难，至今还没有从任何研究论文或书籍中找到理论上的解释。特别是上文提到过的洋葱实验，它的显带要求就更严格，干燥 24h 后可显示端带，干燥 15d 可同时显示端带、中间带、着丝粒带，干燥半年后则整个染色体模糊。这是我国权威科学家所做试验的结果，并得到许多研究者的确认。同样是这个研究小组，发现经去壁低渗法制备的植物染色体标本立即在高温干燥条件下(65～75℃)处理一定的时间，然后经 Giemsa 染液染色，即有带纹的显现，而且带纹与普通 C 带是基本一致的。这说明"干燥"是必须的，但时间长短则视处理条件而定。通常认为，"干燥"过程是个染色体"成熟"过程，期间染色体的结构一定发生了一些特定的变化。但具体发生了什么变化，其作用机理如何，目前还不清楚，需要同学们今后作进一步的探索。

(3)为什么仅在染色体的少数部位能够显带？

参考答案：植物染色体之所以能显出 C 带带纹，可能是因为染色质在细胞分裂的不同时期，由于其螺旋收缩的程度不同，在适当时期通过酸、碱、酶或高温的处理，改变染色体中固有蛋白质和核酸的相互作用，使染色体的蛋白质和 DNA 的结合特性发生变化。这种染色体空间构象的改变，使染色体的固有结构分化特征高度显现，具高度重复序列 DNA 的异染色质在合适的环境下容易与染料分子结合而着色较深，具低度重复序列 DNA 的常染色质由于处于松弛状态而着色较浅。而在染色体中，仅着丝点、端部等部位分布的异染色质较多，总长度仅占整条DNA长度的百分之几，因此C带只能在染色体的少数部位能够显带。

实验8 四倍体西瓜的诱导与鉴定

(1)为什么秋水仙碱的浓度定在0.4%，处理2d?

参考答案：这是总结前人大量实验结果得出的结论。如果处理浓度大于0.4%，容易造成细胞停止分裂甚至植物组织死亡。处理时间不易过长，否则也容易引起植物组织死亡。实际上不同的植物可能存在不同的最佳处理方法，同学们可以在其他的实验机会进行尝试。

(2)怎样保证在2d时间内秋水仙碱的处理都是有效的?

参考答案：的确，秋水仙碱的处理方式是一个难点，用无菌棉辅助处理也只能是延缓秋水仙碱溶液被蒸发的时间。尤其是在晚上，不可能每过一两小时就去添加秋水仙碱溶液。同学们可以尝试用更精确的方法。如能不能用给植物"挂盐水"的方法，控制秋水仙碱溶液每分钟只滴一滴?

(3)对二倍体或四倍体西瓜用流式细胞仪测定时得到的直方图中为什么都有2个甚至更多的"峰"?

参考答案：这是因为实验材料取的都是幼叶，细胞还都处在有丝分裂过程中，部分细胞在间期要进行染色体复制，使染色体的数量加倍，形成四倍体，而另一部分细胞还没有复制，还处于二倍体状态，因此在直方图上表现出来会有明显的2个"峰"。从图2中看到，大部分细胞还处于没有复制的状态；从图3中看到，由于倍性增加了一倍，2个"峰"都向右偏移了50个单位。同时，在图2和图3中都可以看到，除了2个明显的"峰"外，在不远处还有一个较小的"峰"。这表明细胞在进行染色体复制时会产生"过头"现象，少量复制好的细胞会发生又一次复制，从而产生"八倍体"(图2中)或"十六倍体"(图3中)细胞。

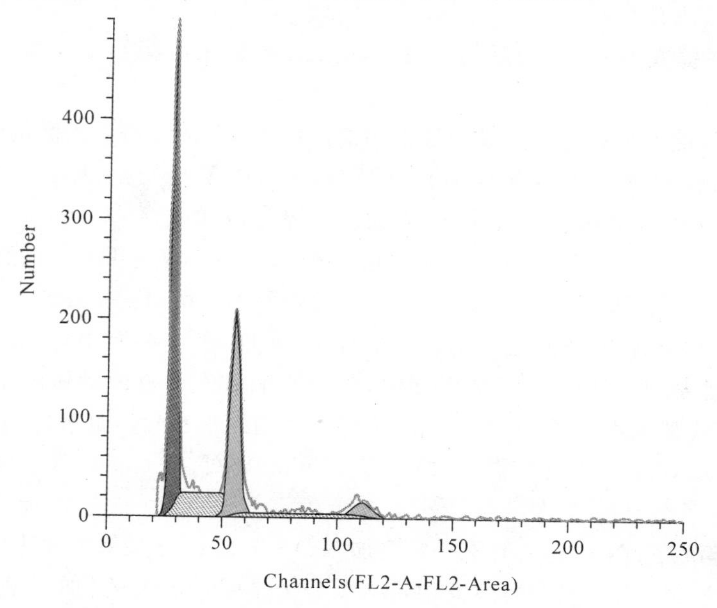

图2 二倍体西瓜叶片流式细胞仪分析结果

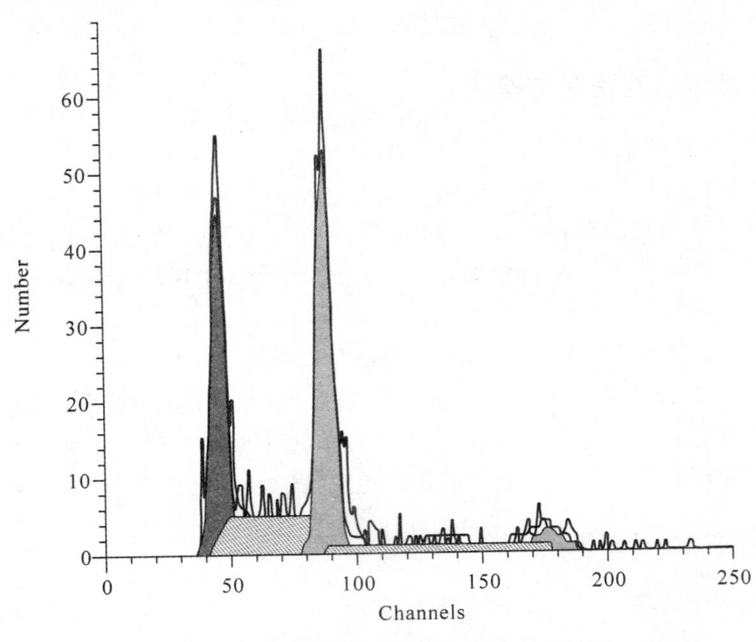

图 3　四倍体西瓜叶片流式细胞仪分析结果

(4)直播苗直接加倍法和组培苗离体培养加倍法的效果有何区别?

参考答案:直播苗直接加倍方法简单,实验时间较短,但通常加倍效率很低,一般仅有1%左右;组培苗离体培养加倍方法烦琐,实验时间较长,但加倍效率高,据报道可以达到50%左右。

实验 9　植物核 DNA 的提取与定性鉴定

(1)DNA 溶于酒精吗?

参考答案:在提取 DNA 的最后几步,都是用无水乙醇来沉淀 DNA,因此 DNA 肯定是不溶于酒精的。

用无水乙醇沉淀 DNA,这是实验中最常用的沉淀 DNA 的方法。乙醇的优点是可以任意比与水相混溶,乙醇与核酸不会起任何化学反应,对 DNA 很安全,因此是理想的沉淀剂。DNA 溶液是 DNA 以水合状态稳定存在,当加入乙醇时,乙醇会夺去 DNA 周围的水分子,使 DNA 失水而易于聚合。一般实验中,是加 2 倍体积的无水乙醇与 DNA 相混合,其乙醇的最终含量占 67%左右。因而也可改用 95%乙醇来替代无水乙醇(因为无水乙醇的价格远远比 95%乙醇昂贵)。但是加 95%的乙醇使总体积增大,而 DNA 在溶液中有一定程度的溶解,因而 DNA 损失也增大,尤其用多次乙醇沉淀时,就会影响收率。折中的做法是初次沉淀 DNA 时可用 95%乙醇代替无水乙醇,最后的沉淀步骤要使用无水乙醇。也可以用 0.6 倍体积的异丙醇选择性沉淀 DNA。一般在室温下放置 15～30min 即可。

(2)在用乙醇沉淀 DNA 时,为什么一定要加 NaAc 或 NaCl 至最终浓度达 0.1～0.25mol/L?

参考答案:在 pH 为 8 左右的溶液中,DNA 分子是带负电荷的,加一定浓度的 NaAc 或 NaCl,使 Na^+ 中和 DNA 分子上的负电荷,减少 DNA 分子之间的同性电荷相斥力,易于互相聚合而形成 DNA 钠盐沉淀，当加入的盐溶液浓度太低时，只有部分 DNA 形成 DNA 钠盐而聚合，这样就造成 DNA 沉淀不完全，当加入的盐溶液浓度太高时，其效果也不好。在沉淀的 DNA 中，由于过多的盐杂质存在，影响 DNA 的酶切等反应，所以必须进行洗涤或重沉淀。

(3)为什么在保存或抽提 DNA 过程中，一般采用 TE 缓冲液？

参考答案：在基因操作实验中，选择缓冲液的主要原则是考虑 DNA 的稳定性及缓冲液成分不产生干扰作用。磷酸盐缓冲系统($pK_a=7.2$)和硼酸系统($pK_a=9.24$)等虽然也都符合细胞内环境的生理范围(pH)，可作 DNA 的保存液，但在转化实验时，磷酸根离子的种类及数量将与 Ca^{2+} 反应产生 $Ca_3(PO_4)_2$ 沉淀；在 DNA 反应时，不同的酶对辅助因子的种类及数量要求不同，有的要求高离子浓度，有的则要求低盐浓度，采用 Tris-HCl($pK_a=8.0$)的缓冲系统，由于缓冲液是 $TrisH^+$/Tris，不存在金属离子的干扰作用，故在提取或保存 DNA 时，大都采用 Tris-HCl 系统，而 TE 缓冲液中的 EDTA 更能稳定 DNA 的活性。

实验 10 植物近缘种属的 RAPD 分析

(1)为什么 RAPD 技术中的随机引物通常是 10 个碱基的？

参考答案：这是由生物个体细胞中染色体的总量决定的。10 碱基引物理论上有 4^{10} 种组合，而一般生物个体细胞中染色体的碱基总量也在 4^{10} 左右，这就可以保证 10 碱基引物理论上在任意种群的染色体上总能找到一个以上的结合位点，而大于 10 个碱基的引物则可能找不到结合位点。当然，如果缩短随机引物的长度，则可以找到更多的结合位点，扩增出的条带也会更多；但太多的条带反而会影响凝胶电泳观察的准确性。因此，RAPD 技术中的随机引物通常为 10 个碱基。

(2)对同一品种做 RAPD 分析时，不同的引物也能扩增出分子量相同的条带吗？对同一品种做 RAPD 分析时，相同的引物也能扩增出分子量不同的条带吗？

参考答案：对同一品种做 RAPD 分析时，不同的引物也能扩增出分子量相同的条带。这是因为扩增出的产物尽管其序列可能不一样，但只要分子量相同，在凝胶电泳上显示出的条带还是相同的，肉眼不能区分。

对同一品种做 RAPD 分析时，相同的引物也能扩增出分子量不同的条带。这是因为同一引物在染色体上可以有多个结合位点，有多个不同的“回文结构”与其对应，扩增出的条带就可能不同。

(3)在对 RAPD 产物进行电泳时，如果没有任何条带产生，是否可说明试验操作有问题？

参考答案：不可以。因为如果所用的随机引物可能在全长 DNA 上都找不到结合位点，自然就不能扩增出任何条带了。

实验 11 植物染色体荧光原位杂交(FISH)

(1)为什么说本实验是一个综合性实验？

参考答案：本实验是一个典型的综合性实验，这是因为：①本实验的时间较长，整个实验流程要持续半个月左右；②本实验涉及细胞学和分子生物学的主要内容，是细胞学和分子生物学的完美结合，覆盖了细胞分子生物学的基本知识；③本实验的方法很多，需要学生在实验前认真做好调研工作，做出实验方案；④本实验是一个很好的培养学生创新意识的案例。

(2)本实验是在压片上做原位杂交，能否在切片上做原位杂交？

参考答案：原位杂交技术能在目的细胞和组织中观察基因和分析基因的缺失、增减和变异，使传统的细胞学技术推进到基因分子认识水平，尤其是RNA原位杂交已成为最有效的分子工具。从培养细胞检测结果表明，采用荧光素标记探针结合CCD摄录的图像分析处理系统，原位杂交的分辨率已达到1kb靶DNA的灵敏度。而在冰冻和石蜡切片中原位杂交的灵敏度远不如培养细胞，靶DNA仅为40kb，而mRNA为10～20拷贝。如何提高组织切片中杂交信号的敏感度已成为当今原位杂交技术研究的热点，采用寡核苷酸与多种cRNA探针混合，以同一序列合成不同探针来提高杂交的灵敏度。其次为组织前处理的改进，RNA原位杂交和免疫组化并检技术以及激光共聚焦显微在多重RNA原位杂交中应用等。

实验12　人类X染色质标本的制备与观察

(1)细胞核中有时杂质较多，如何确认巴氏小体的存在？

参考答案：在观察巴氏小体时有时容易与细菌或杂质混杂，此时可以转动显微镜的细准焦螺旋，一般巴氏小体形状不会变化，而细菌或其他杂质一般会有变化；另外，巴氏小体和核应该处于同一焦平面，这一点也有助于确认一个黑点是不是巴氏小体。

(2)是否每个女性细胞中都有巴氏小体？是否都能看到？

参考答案：理论上每个女性细胞中都应该有巴氏小体。但实际上不是每个细胞都能看到，因为由于观察角度不同，巴氏小体可能会被遮掩或者受细菌的干扰。所以，即使是阴性细胞也是可能有巴氏小体的，“阴性”只表示在检测条件下无法看到。

(3)男性细胞中一定没有巴氏小体吗？

参考答案：男性也会有巴氏小体，因为男性细胞中的X染色体具有很低概率可进入异染色质状态，从而成为被观测到的“巴氏小体”，这类细胞通常是暂时活动减弱或进入休眠的细胞。

(4)有没有可能在一个细胞中观察到多个巴氏小体？

参考答案：一些不正常的细胞中可看到0个或多个巴氏小体。如患Turner综合征人的细胞，通常其X染色质为0%；若是45,X或46,XX嵌合体则仍可看到X染色质，但数量少，大大少于15%；反之，如是47,XXX；48,XXXX或49,XXXXX则可在同一核内见到2、3或4个X染色质，并且阳性率也大大超出15%～30%。另外，癌细胞，特别是乳腺癌、宫颈阴道癌细胞，通常会出现性染色质小体异常，一个细胞中出现2个或2个以上巴氏小体。因此通过观察X染色体的数目，可以有助于相关遗传病的诊断。

实验13　小麦杂交技术

(1)不同植物开花后其花粉寿命是否相同？

参考答案：这方面前人已做过大量研究，结果表明不同植物开花后其花粉的生活力自然维持的时间差异悬殊，禾谷类作物花粉寿命较短，而自花授粉植物的寿命尤其短。如异花授粉植物玉米花粉的生活力能维持1～2d，而水稻花药开裂后，花粉的生活力在5min后即下降50%以上；小麦花粉在花药开裂后30min，花粉即由鲜黄色变为深黄色，此时已有大量花粉损失活性，5h后结实率下降到6.4%。因此，在做小麦杂交时，要注意采父本花粉不要花太长时间，通常以"采5min＋授粉5min"为一个杂交循环比较好，这样可以充分保存花粉的生活力，保证授粉成功，同时减少结实率的误读。

低温处理可以延长植物花粉的寿命，但花粉活力受植物基因型控制，因而不同物种的花粉对各种贮藏条件的反应有着很大的差异。如烟草的花粉在－5℃和50%相对湿度条件下贮藏1年后，仍能像新鲜花粉一样萌发；苹果花粉贮藏在－15℃下和9个月以后，仍有95%可萌发；玉米花粉在5～10℃环境中保存5d仍具有基本正常的生活力；而水稻、小麦、棉花的花粉在10℃和85%的相对湿度下只能存活3d左右，即使在液氮(－197℃)中保存，其维持正常活力的时间也只有6d左右。

(2)柱头的生活力怎样？受精时需要多少花粉落在柱头上面？

参考答案：柱头的生活力一般能维持一周左右。柱头最大活力时期的测定结果表明：从第一天到第三天，结实率逐渐提高，至去雄后第三天，结实率达到最大，之后结实率逐渐降低。这说明去雄后第三天，花粉成熟，柱头的活力也达到最大，之后柱头开始衰老，活力逐渐降低。因此，去雄后应及时进行授粉，才能保证最高的结实率。

小麦是典型的双受精自花授粉作物，理论上一朵小花中只要有一颗有生活力的花粉落到柱头上就可完成完整的受精过程。据研究，在大量授粉的情况下，一个柱头上面可以黏附近百个成熟的花粉粒，通过蛋白识别有部分花粉粒可以"发芽"长出花粉管，但通常只有一个花粉粒的花粉管能够穿透柱头表层进入花柱完成双受精，其他花粉粒都不能参与受精过程。这种现象的机制目前还研究较少，一般认为一旦有花粉管率先钻进花柱完成受精，就会在柱头表面形成一层保护膜，其他花粉管就被阻止伸入花柱；即使偶尔进入，花柱与花粉管还有个识别过程，能够阻止花粉管参与受精。这与动物成千上万个精子中只有一个精子能与卵结合成为受精卵的道理是一样的。

(3)为什么不同种属间杂交结实率比较低？

参考答案：被子植物双受精作用包括一系列复杂过程。花粉粒落到柱头上后，从柱头吸收水分，同时发生花粉壁蛋白的释放。经花粉壁蛋白与柱头表面溢出物或亲水蛋白质表膜的相互识别(recognition)，决定雄性花粉被雌蕊"接受"或"拒绝"。如果是亲和性的花粉，如小麦同个品种或近缘种的花粉则被接受，花粉粒从柱头分泌物中吸收水分、膨胀，内壁从萌发孔向外突出形成细长的花粉管，内含物流入管内，花粉管不断伸长，经花柱进入子房，最后直达胚囊完成双受精，因此小麦品种间杂交结实率很高；如果是不亲和的花粉，如小麦属间的花粉则被拒绝，花粉粒很少能萌发，穿过柱头进入花柱的就更少，导致小麦属间杂交结实率较低。

实验14　水稻杂交技术

(1)水稻的杂交方法与小麦有什么区别？为什么？

参考答案：水稻和小麦都是禾本科严格自花授粉作物，它们的花器都比较小，雌蕊都位于中央，柱头的形状都是二列呈羽毛状，这就决定了它们的杂交方法基本上是类似的。但由于它们在花序、花器结构、开花习性和花粉活性等方面也存在一定的差异，所以在杂交方法上也略有不同：

①水稻为复总状花序，穗形基本下垂，把整个穗子放入瓶子中较为容易，可用温汤去雄；小麦为复穗状花序，穗形上立，难以放入装水的瓶子中(强行放容易折断)，因此难以用温汤去雄。

②小麦的花器比水稻略大，外面不像水稻那样有硬而封闭的颖壳，一个小花中只有 3 枚雄蕊(水稻有 6 枚)，雄蕊的个头也比水稻大，因此去雄相对容易一些。

③水稻稻穗抽出当天就开花，开花时间较集中，早、中籼稻一般在上午 9～12 时开花，晚粳稻在上午 12 时到下午 2 时开花；而小麦通常在抽穗后 3～5d 开花，并且昼夜都能开花(白天较多)。因此，水稻的授粉时间受到限制，而小麦可以全天授粉。

④水稻花粉生活力在空气中只能保持 3～5min，因此取粉后要马上授粉；小麦花粉的生活力较水稻强，取粉后 10min 之内授粉都有较高的结实率。

(2)水稻和小麦的柱头都是二列羽毛状的，一朵小花上实际上有无数的小柱头，每个柱头都能接受花粉，而它们的胚胎是单性胚，只能有一个花粉管进入胚胎中发生双受精，那么，到底哪个花粉管有“资格”参与双受精呢？

参考答案： 被子植物的双受精过程 100 年以前就已经开始研究，但真正的受精机制至今还不是十分明确。一般认为，开花时落到每个小柱头上的正常花粉都能萌发长出花粉管。柱头的分支结构是由 4 列柱状细胞围拢而成，中央形成细胞间隙。花粉萌发产生的花粉管很快钻入分支结构的细胞间隙中，继续伸长进入花柱的引导组织中。在许多报道中都描述了在花柱中可看到几条花粉管同时在引导组织的细胞间隙中生长；还有报道看到尽管已经发生双受精，但还有花粉管在不断进入到花柱的引导组织中。这些现象说明花粉管的生长不存在严格的竞争，也许只有最具活力、生长最快、离花柱最近的花粉管才有“资格”参与双受精。实际上还没有人研究过柱头离胚珠的距离与授粉之间的关系。因为一列羽毛上有很多分支，越处顶部的分支离胚珠越远，花粉管要走的距离越远，参与受精的机会可能越少。但事实是否这样，还需实验论证，有兴趣的同学可以做做这个精细的实验。许多研究报道，从授粉到发生双受精的时间是不同的，有的认为是半小时，有的认为是一小时，差别较大，这很可能与花粉管走的距离有关，所以做个精确的杂交试验还是很有意义的。

实验 15　棉花的自交与杂交技术

(1)为什么棉花的自交技术也很重要？

参考答案： 棉花雌雄同花，在自然条件下以自花授粉为主，但因棉花的花朵较大，色彩鲜明，又富有蜜腺，容易吸引昆虫采蜜，花粉容易被昆虫携带，往往造成部分的异花授粉。所以棉花属于常异花授粉作物，异花授粉率一般为 3%～20%。为避免生物学混杂导致品种纯度下降，必须对种植的棉花品种进行严格的自交，以保证种质资源的纯度。所以棉花的自交技术也很重要。

(2)为什么不用三系方法培育杂交棉?

参考答案:主要有2个原因:①棉花的花器较大,去雄容易,而且雄蕊数量多,花粉量大,做杂交比较方便;②雌蕊的子房有3～5室,每室可生7～11粒胚珠,杂交一朵花可得到数十粒种子,效率较高。所以,通过人工杂交,也较容易获得较多的杂交种子,足够保证生产之用。

实验16 油菜的杂交和自交技术

(1)油菜杂交有什么特点?

参考答案:①具有十字花科特性,单穗花期长、花蕾多,需要去掉幼嫩花蕾和已开花朵,保留10多个开花前2～4d的幼蕾即可。②去雄时每个小花中要去掉6枚雄蕊。③每天开花的花蕾多,取花粉相对比较容易。④由于结荚特性,杂交的每个花蕾可以收获多粒种子。

(2)自交不亲和性是如何产生的?

参考答案:雌、雄蕊均正常,但自交或系内交均不结实或结实很少的特性叫自交不亲和性。自交不亲和性受单一位点或多位点的自交不亲和基因S控制。主要有以下两种类型:

①配子体自交不亲和性(self incompability of gametophyte):主要存在于禾本科植物。

其自交不亲和性受配子体基因型控制,表现在雌雄配子间的相互抑制作用。配子体不亲和花粉能正常发芽,并能进入柱头,但花粉进入柱头组织或胚囊后遇到卵细胞产生的某些物质,表现出相互抑制而无法受精。如禾本科植株发现的自交不亲和性大都属于配子体自交不亲和性(图4)。

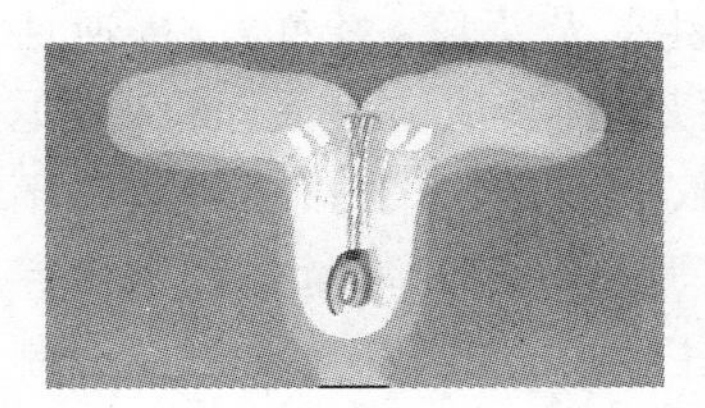

图4 自交不亲和性

②孢子体自交不亲和性(self incompability of sporophyte):主要存在于十字花科植物。

其自交不亲和性受花粉亲本的基因型控制,表现在花粉粒及花粉壁成分与雌蕊柱头上的柱头毛或乳突细胞之间即雌雄二倍体细胞之间的相互抑制作用,因而花粉管不能进入柱头,如十字花科植物的自交不亲和性均属于孢子体自交不亲和性。大量研究发现:十字花科的油菜在开花前1～4d柱头表面形成一层由特异蛋白质构成的隔离层,它能阻止自花花粉管进入柱头而表现不亲和。

自交不亲和系虽然开花时自交不亲和,但开放花朵的花粉授在隔离层还未形成的幼小花蕾(开花前2～4d的小蕾)柱头上自交,能正常结实。因此,采用剥蕾自交授粉,就能繁殖自交不亲和系。

实验17　玉米的自交与杂交技术

(1)玉米的杂交方法有什么特点?

参考答案: 禾谷类作物的花序,属于穗状花序(如大麦等)、复穗状花序(如小麦等)、圆锥花序(如水稻、玉米雄穗、高粱、燕麦等)和肉穗花序(如玉米雌穗等)4种,通称为穗。不同穗型对于杂交的难易有着很大的影响,穗状花序通常小花数少,同一时间内开花数少,取得大量成熟花粉较为困难,因而取粉效率较低,杂交时采用典型授粉法较多;圆锥花序则小花数多,容易取得大量花粉,因而取粉效率较高,通常采用套袋授粉。玉米是雌雄同株异花,雄花序(又称为雄穗)是典型的圆锥花序,一般一个发育良好的雄穗,约有5000个花药,每个花药约有5000个花粉粒,共可产生2500万个左右的花粉粒,采用套袋法授粉可保证采到足够多的成熟花粉。另外,玉米的雌花序(又称雌穗)是典型的肉穗花序,花柱是很长的丝状体,开花时所有花丝都集中伸出苞叶后,任何部位都有接受花粉的能力,杂交的成功率较高;同时,玉米一次授粉后可结数百粒果实(种子),杂交的效率较高。

(2)玉米等异花授粉作物自交为什么会发生生活力衰退?

参考答案: 玉米是典型的异花授粉作物。异花授粉作物一般总是处于杂合状态,杂合状态下可表现出杂种优势。当强迫自交时,群体中原来一些被掩盖的不利隐性基因,如失绿基因,将因纯合而被表现出来,造成后代生活力下降。异花授粉作物自交后代的生活力衰退,称为自交衰退(inbreeding depression),表现为生长势下降,繁殖力、抗逆性减弱,产量降低等。一般来说,最初的自交世代,自交衰退的速度最快,多次自交后,自交衰退的速度将减缓。不同基因型间自交衰退的程度不同,有的衰退较不明显,有的甚至严重到不能正常生长和繁殖的地步而被自然淘汰。自交衰退多表现在多基因控制的数量性状上。异花授粉作物杂种优势利用中,常希望自交系的生活力衰退小一些(可增加制种产量),而配制的杂种优势更强一些(可得到更高的产量)。

自花授粉作物由于在长期进化过程中已适应了自花授粉,所以一般来说不产生明显的自交衰退现象。

实验18　甘薯杂交技术

(1)甘薯杂交和繁育有哪些特点?

参考答案: 甘薯系短日照作物,在台湾、广东、广西、福建南部才能自然开花、传粉、结实。其他地区须采用人工诱导促使开花、传粉杂交,获得种子后培育实生苗;然后应用无性繁殖,再通过多次鉴定比较育成品种。诱导开花的方法普遍应用嫁接结合短日照处理,以甘薯品种为接穗,以近缘植物为砧木;嫁接后搭架挂蔓,每日以8~11h的短日照处理,并控制现蕾时的温度在25~30℃之间。开花时避免昆虫传粉。按计划进行品种间杂交,一般1~2个月后蒴果及种子成熟。此外,尚有自交系育种、种间杂交育种、随机集团杂交育种等。

甘薯的良种繁育方法较多:①多级育苗法,应用苗床催芽,覆盖塑料薄膜的多种采苗圃,多级栽插,以苗繁苗;②单叶节栽种法,剪蔓时按每个叶节剪成一株苗,可提高薯苗的利用率;③越冬育苗法,使种苗在苗床内安全越冬,可节约种薯,不断剪栽薯蔓,增大繁殖系数;④优大高密繁种法,选用优良品种的薯块,进行大株栽培,培育大量分枝,剪采单节或双节苗,繁殖系数也很高。

(2)为什么很多甘薯要经过人工处理后才能开花?

参考答案: 植物开花要有一系列的基因启动为基础。可以猜测,在短日照条件下,开花基因被激活,而在长日照条件下,开花基因不能表达。但这中间是怎样一个信号传递途径,目前还少见报道。但开花由基因决定是肯定的。曾有报道甘薯栽培品种"胜利百号"感染根腐病菌后出现开花的病理现象。从开花的甘薯"胜利百号"根部分离到93株病原菌菌株,经鉴定引起甘薯根腐和病理性开花的病原菌为茄病镰孢甘薯专化型(简称FSB)。用FSB的V100-93-06菌株室内接种"胜利百号"呈现根腐病典型症状和开花现象。这个研究表明,这种菌株中一定含有一种物质能够启动开花的信号传递途径。另有研究表明,6-BA、NAA、GA等激素都能诱导甘薯开花和结实,而激素能够作为细胞外信号引发细胞信号的级联反应最终影响细胞核内DNA上的基因表达。

实验19 稻米糊化温度和胶稠度的测定分析

(1)稻米糊化温度和胶稠度测定结果的主要影响因素分别有哪些?试验操作中特别应注意哪些?

参考答案: 配制的氢氧化钾浓度是否准确、精米的质量是否好、量取的1.7%氢氧化钾的体积是否准确、30℃的温度是否到位都能影响糊化温度测定结果的准确性。但根据我们的经验,试验操作中最容易发生误差的是米粒在静置23h期间可能发生的摇晃(主要是仪器震动和人为移动),应特别注意。

配制的各种试剂的浓度是否准确、量取的各种物质的体积或重量是否准确、沸水加热是否符合要求、处理时间是否标准、淀粉是否结块都能影响胶稠度测定结果的准确性。但根据我们的经验,试验操作中最容易发生误差的是摇动不够造成淀粉结块,使实验结果极不准确,甚至出现相反的结果,实验时要特别注意。

(2)稻米蒸煮品质的三个评价指标,即直链淀粉含量、糊化温度、胶稠度之间有何关联?大概说明籼稻、粳稻、糯稻三个指标间的区别。

参考答案: 直链淀粉含量低的样品倾向于软胶稠度;大多数直链淀粉含量中等的样品具有硬胶稠度;所有含直链淀粉高的样品都具有硬胶稠度。随着直链淀粉含量的升高,稻米强烈地倾向于硬胶稠度,两者之间成正相关。由此可见,直链淀粉含量的高低是影响稻米胶稠度的主要因素。但是某些直链淀粉含量相近的样品也表现出不同的胶稠度,这表明除了直链淀粉和支链淀粉的比例之外,还有其他因素影响胶稠度,如直链淀粉及支链淀粉分子的性质及稻米脂肪的含量。

随着直链淀粉含量的升高,具有高糊化温度的样品比例下降,而具有低糊化温度及中等糊化温度样品的比例则升高。这表明直链淀粉含量是影响稻米糊化温度的因素之一,且两者一般呈反比。影响糊化温度的因素较多,除直链淀粉之外,淀粉组分的分子量,淀粉粒的大小和淀粉粒中的分子所形成的微晶结构、晶化程度以及胚乳的相对孔度(硬度)都与糊化温度有关;淀粉粒中的类脂化合物也会在糊化过程中与直链淀粉结合而阻碍淀粉粒的膨胀,一定程度上导致糊化温度的升高。

籼稻、粳稻、糯稻三种稻米在组成上以直链淀粉含量的差异较大,其他成分差异较小。籼稻的糊化温度最高,胶稠度最小;糯稻的糊化温度最低,凝胶稠度最大;粳稻居中。

(3)稻米糊化温度和胶稠度的测定除了本实验方法外还有什么其他测定方法？请简要说明。

参考答案: 目前,测定稻米糊化温度的方法有:差示扫描量热仪法(DSC)、碱消值法、双折射法、光度计法、黏滞计法、动态流变仪法、电导率法、黏度仪法等。其中以差示扫描量热仪法最为准确;碱消值法最为简便常用。而胶稠度的测定除了本实验方法外目前还没有发现可以替代的其他测定方法。

实验 20　甜玉米籽粒糖分含量测定方法

(1)如何保证每个小组手持糖量计测量的准确性?

参考答案: 手持糖量计在出厂的时候都经过调试,有合格标志,因此新购的仪器一般性能较好。但使用一段时间后,特别是在使用过程中不加爱护、经常碰撞,会使仪器性能减弱、测量失准。为了保证每个小组手持糖量计测量的准确性,在使用前最好对每支糖量计用标准液进行校准。另外,在测量数据在可接受的范围内,各个小组间也可互相交换糖量计来测量,这样得到的数据可比性会更大一些。

(2)胚乳糖分性状是由主效基因控制的吗？能否将甜玉米的糖分基因转到普通玉米上使普通玉米转变成甜玉米?

参考答案: 根据遗传特点的不同,甜玉米分为普通甜玉米、超甜玉米和加强甜玉米。普通甜玉米是受单隐性甜-1 基因(su_1)控制,超甜玉米受单隐性凹陷-2 基因(sh_2)控制,加强甜玉米是在普通甜玉米背景上引入一个加甜基因而成的,是双隐性的(su_1se)。se 是 SU_1 的修饰基因,是从 SU_1 背景下的玻维亚 1035 粉质品种中分离出来的。SU_1 与 se 不连锁。SU_1se 基因型甜玉米的总糖含量达到 sh_2 的水平,而水溶性多糖又达到 su_1 水平,从而改善了甜玉米的品质。由此可见,玉米的胚乳糖分性状是由主效基因控制的。

尽管与甜玉米有关的几个基因序列和与其关联的分子标记都已经被找到,但到目前为止还没有克隆这些基因并进行转基因育种的报道。从理论上说,通过转基因是可以培育出超甜玉米品种的,但鉴于转基因的难度以及大众对转基因的恐惧,恐怕很少人会去做这件事情,因为通过现有甜玉米与普通玉米的杂交育种也可以培育出新的产量更高、外观更好、甜度更甜的新甜玉米品种,目前市场上的甜玉米都是此类杂交育种的产物。

实验 21　油菜品质分析和系谱法育种

(1)通过这种选择会产生什么结果?

参考答案: 可能选到含油量超过亲本的品系。这要看所用亲本的遗传背景情况。含油量性状是一个数量性状,由多基因控制。如果遗传背景较复杂,2 个品种可能含有不同的控制含油量的基因,那么后代中就可能聚集这些有利基因,产生含油量超过亲本的品系。

(2)近红外光谱仪用来测定含油量确实很方便,现在每个单位是否普及了?

参考答案: 这个仪器的价格目前还有点贵,大约需要 40 多万元人民币,所以一般的单位还买不起。但一般市级以上的单位已经普及了。这个仪器不仅可用来测定含油量,还可以测定很多物质,如蛋白质、氨基酸等,所以是很有用的仪器。

(3)为什么说这是一个典型的综合性实验?

参考答案:一是这个实验持续的时间长,每一届的同学只做一代,一个育种流程要很多届同学才能完成;二是该实验涉及整门育种学的方方面面,从内容上说确实是大综合了;三是该实验的结果的不确定性,对培养学生的动手能力和创新意识有帮助。

实验 22 转 *cry1Ab* 基因抗虫水稻的 PCR 检测

(1)有人说转基因育种和杂交育种从遗传学角度看是一样的,都是基因片段的"断开-重接",你对这个问题怎么看?

参考答案:编者认为这两者还是有很大区别的。首先说杂交育种。杂交育种既然要将两个品种的优良基因组合在一起,就必须断开两个品种 DNA 的长链,将两个基因互换重接。但这个过程是通过同源染色体的配对和基因交换实现的,而同源染色体的配对和基因交换是生物界固有的特性,是在生物漫长的进化过程中逐渐形成的,对生物体的遗传结构不会造成破坏,对生物自身不仅没有坏处(当然在特殊情况下也有致死的可能),反而还有无穷的好处,因为任何一个物种都要通过这个过程吐故纳新,才能在进化过程中"永葆青春"。再看转基因。一般的转基因只是把一个物种的基因强行地插入到另一个物种的 DNA 中去,表面上看是把两个优良基因组合在一起了,但因为被转基因物种的遗传结构必然遭到破坏,可能会带来不可预知的遗传后果。尽管就目前所知这种遗传后果还不一定会"眼见为实",但如果转基因做得多了以后,各种遗传反应累积在一起,就可能产生显性的表象。到那时再进行纠正,恐怕为时晚矣!所以编者以为转基因育种和杂交育种不是一回事,做转基因还是要慎重!在目前还不能完全排除转基因的危害性之前,我们还是多用杂交育种吧!

(2)提取 DNA 时为什么起初可以用力摇晃而后面就要动作轻盈?

参考答案:这是因为起初 DNA 还都在细胞核里,不容易断裂;而到后面,细胞壁和细胞膜已经破裂,DNA 已经从细胞中析出,此时再摇晃就很容易造成 DNA 模板的断裂。而 DNA 模板断裂太多的话,就可能失去 PCR 引物的结合位点,导致实验失败。

实验 23 水稻白叶枯病抗性的鉴定

(1)水稻白叶枯病的传播途径和发病条件是什么?

参考答案:带菌种子、带病稻草和残留田间的病株稻桩是主要初侵染源。李氏禾等田边杂草也能传病。细菌在种子内越冬,播后由叶片水孔、伤口侵入,形成中心病株,病株上分泌带菌的黄色小球,借风雨、露水、灌水、昆虫、人为等因素传播。病菌借灌溉水、风雨传播距离较远,低洼积水、雨涝以及漫灌可引起连片发病。晨露未干病田操作造成带菌扩散。高温高湿、多露、台风、暴雨是病害流行条件,稻区长期积水、氮肥过多、生长过旺、土壤酸性都有利于病害发生。一般中稻发病重于晚稻,籼稻重于粳稻。矮秆阔叶品种重于高秆窄叶品种,不耐肥品种重于耐肥品种。水稻在幼穗分化期和孕期易感病。

(2)水稻白叶枯病的防治措施有哪些?

参考答案:①加强栽培管理。选用适合当地的2～3个主栽抗病品种,合理施肥用水,在施肥上应掌握施足基肥,早施追肥及巧施穗肥,要氮磷钾综合施用,以增强植株抗病力。要做好渠系配套、排灌分家、浅水勤灌。

②加强检疫工作。查清病区与无病区,调运种子时必须检疫,无病区不得引进病种子,以控制病害传播与蔓延。不从病区引种,若必须引种时,用1%石灰水或80% 402抗菌剂2000倍液浸种2d或福尔马林50倍液浸种3h后闷种12h,洗净后再催芽。也可选用浸种灵乳油2ml,兑水10～12L,充分搅匀后浸稻种6～8kg,浸种36h后催芽。还可用中生菌素100倍液,升温至55℃,浸种36～48h后催芽播种。

③化学防治。老病区秧田期喷药是关键,一般三叶期及拔秧前各施1次药。大田施药以"有一点治一片,有一片治一块"的原则,及时喷药封锁发病中心,如气候有利发病,应实行同类田普查防治,从而控制病害蔓延。可选用消菌灵、叶枯宁、消病灵、菌毒清等药剂。各种杀菌剂可交替使用,以延长农药的使用寿命,一般5～7d施药1次,连续2～3次,每次需加水900kg/hm^2,均匀细水喷雾。

(3)水稻抗病性有怎样的抗性机制和抗性遗传?

参考答案:一般糯稻抗病性最强,粳稻次之,籼稻最弱。但即使籼稻品种间抗病性也存在明显差异,其中也有抗病性强的品种。同一品种的植株在不同生育期抗病性也有差异,通常分蘖期前较抗病,孕穗期和抽穗期最感病。

①抗性机制:植株叶面较窄、挺直不披的品种抗病性较强;稻株叶片水孔数目多的较感病。这些差异常被认为是品种的机械抗病性。另外,植株体内营养状况也是影响其抗病性的一个重要因素。通常,感病品种体内的总氮量尤其是游离氨基酸含量高,还原性糖含量低,碳氮比小,多元酚类物质少;而抗病品种则相反。

②抗性遗传:水稻品种对白叶枯病的抗性受不同的抗性基因的控制。现已鉴定出Xa1、Xa1^h、Xa2、Xa3……Xa23等23个主效抗性基因,其中多数为显性,少数为隐性或不完全隐性。在已鉴定的抗源品种中,有171个含Xa4,有85个含Xa5,有4个含Xa6。抗病品种大多为小种专化性抗病品种。除主效基因外,可能还存在由微效基因控制的数量性状抗性。

实验24 小麦赤霉病抗性的鉴定

(1)为什么实验中采用50%的粗毒素溶液进行处理?

参考答案:许多研究表明,30%毒素浓度对细胞膜的影响较小,胁迫处理初期抗、感小麦品种(系)膜透性增量差异不明显;而80%毒素浓度胁迫处理初期膜透性很大,细胞膜破坏严重,但随胁迫处理时间延长膜透性增量变化平缓,细胞膜的可恢复程度低,植株不易保持稳定状态,容易导致植物死亡。因而实验中最适毒素浓度为50%。也有研究者认为最适毒素浓度为35%。总之,毒素浓度不能太高也不能太低,只有选择合适的毒素浓度才能使品种间抗病性的差异表现出来。

当然,有时由于粗毒素提取方法不同,单位毒素含量也会有较大差异,无法确定统一的处理浓度,导致品种抗病性鉴定难以规范化。这时可借鉴常规鉴定采取相对标准的方法,增设抗病—中抗—中感—高感的对照品种,将各品种测定值与各级对照品种测定值比较,以便确定其耐毒力的大小，进而判断品种的抗病性强弱。

(2)为什么定在麦苗的1叶1心期进行测定？

参考答案： 麦苗1叶1心期是小麦起身至拔节前的时刻，从小麦发育规律来看，小麦苗期至越冬期是一生中吸氮高峰期，1叶1心期是追施苗肥、防治病害的最佳时期，此时麦苗属于敏感时期，因而为了实验的显著性，选取1叶1心期的麦苗为实验对象。另外，利用小麦幼根细胞膜透性来鉴定品种抗病性，实用、简便、成本低，不受季节、气候因素影响，可进行大量苗期抗病性鉴定。

主要参考文献

[1]季道藩. 遗传学实验. 北京:农业出版社,1992
[2]申宗坦. 作物育种学实验. 北京:中国农业出版社,1995
[3]洪德林. 作物育种学实验技术. 北京:科学出版社,2010
[4]张贵友,吴琼,林琳. 普通遗传学实验指导. 北京:清华大学出版社,2003
[5]郑国锠. 生物显微技术. 北京:人民教育出版社,1978
[6]王竹林. 遗传学实验指导. 杨凌:西北农林科技大学出版社,2011
[7]李雅轩,赵昕. 遗传学综合实验. 北京:科学出版社,2006
[8]张文霞,戴灼华. 遗传学实验指导. 北京:高等教育出版社,2007
[9]金龙金,李红智,刘永章,等. 细胞生物学与遗传学实验指导. 杭州:浙江大学出版社,2005
[10]朱冬发. 遗传与育种学实验指导. 北京:科学出版社,2011
[11]杨大翔. 遗传学实验. 第2版. 北京:科学出版社,2010
[12]张自立,陈瑞阳,宋文芹,等. 蚕豆、洋葱染色体C带示法. 遗传学报,1978,5(4):334-336
[13]张亚利,尚晓倩,刘燕. 花粉超低温保存研究进展. 北京林业大学学报,2006,28(4):139-147
[14]胡晋,郭长根. 超低温(－196℃)保存杂交水稻恢复系花粉的研究. 作物学报,1996,22(1):72-77
[15]夏如兵. 中国近代的水稻杂交育种研究. 中国农学通报,2011,27(1):11-16
[16]申家恒,申业,王艳杰. 小麦花粉管生长途径及受精过程经历时间的研究. 作物学报,2006,32(4):522-526
[17]丁建挺,申家恒,李伟,等. 水稻双受精过程的细胞形态学和时间进程的观察. 植物学报,2009,44(4):473-483
[18]陈士强. 关于稻麦花粉管伸长和极核受精过程的研究[D]. 扬州大学硕士学位论文,2007
[19]李少昆,王崇桃. 中国玉米生产技术的演变与发展. 中国农业科学,2009,42(6):1941-1951
[20]芦铁雁. 我国玉米生产现状及发展策略. 现代农村科技,2010,21:5-7
[21]董海合,蒋基建,朴贤洙,等. 甜玉米籽粒糖分和氨基酸的相关分析. 延边农学院学报,1992(2):1-5
[22]章琦. 水稻白叶枯病抗性基因鉴定进展及其利用. 中国水稻科学,2005(5):453-459
[23]罗高玲,吴子恺. 甜玉米和糯玉米遗传基因的研究进展. 广西农业科学,2003(3),24-26
[24]夏红. 直链淀粉含量与稻米的糊化温度及胶凝度的关系. 食品科学,1998,19(9):12-13

[25]吴美金,王敏. 赤霉菌粗毒素鉴定小麦赤霉病抗性的研究. 种子,2009,28(8):38-40

[26]郭新梅,陈耀锋,曹团武. 禾谷镰刀菌粗毒素对不同抗性水平小麦品种细胞膜透性的影响. 植物遗传资源学报,2005,6(2):186-190

[27]Gill B S, Sears R G. The current status of chromosome analysis in wheat. In chromosome structure and function. Standler Genet Symp,1988,18:299-322

[28]Rodriguez-Garay B, Barrow J R. Short-term storage of cotton pollen. Plant Cell Reports,1986,5:332-333

[29]樊龙江,曹永生,刘旭,等. 作物科学方法. 科学出版社,2011

[30]樊龙江. 生物信息学札记. 第 3 版. 2010. 网络教材,www. ibi. zju. edu. cn/bioinplant/

[31]Mount D W. Bioinformatics-sequence and genome analysis. Cold Spring Harbor Lab Press,2004

[32]郝柏林,张淑誉. 生物信息学手册. 第 2 版. 上海科学技术出版社,2002

图书在版编目（CIP）数据

农学基础实验指导. 遗传育种分册/肖建富,樊龙江主编. —杭州：浙江大学出版社，2014.9
ISBN 978-7-308-13845-1

Ⅰ.①农… Ⅱ.①肖… ②樊… Ⅲ.①农学—高等学校—教材 ②遗传育种—高等学校—教材 Ⅳ.①S3

中国版本图书馆 CIP 数据核字（2014）第 210303 号

农学基础实验指导
——遗传育种分册
肖建富　樊龙江　主编

丛书策划　阮海潮(ruanhc@zju. edu. cn)
责任编辑　阮海潮
封面设计　续设计
出版发行　浙江大学出版社
　　　　　(杭州市天目山路148号　邮政编码310007)
　　　　　(网址:http://www. zjupress. com)
排　　版　杭州中大图文设计有限公司
印　　刷　杭州杭新印务有限公司
开　　本　787mm×1092mm　1/16
印　　张　13.25
字　　数　331千
版 印 次　2014年9月第1版　2014年9月第1次印刷
书　　号　ISBN 978-7-308-13845-1
定　　价　29.80元

浙江大学出版社发行部联系方式:0571—88925591;http://zjdxcbs. tmall. com